矿相学
实验指导书

张术根　主　编

张建东　刘建平　于　淼　张　宇　副主编

中南大学出版社
www.csupress.com.cn
·长沙·

图书在版编目（CIP）数据

矿相学实验指导书／张术根主编. —长沙：中南
大学出版社，2019.8
ISBN 978 - 7 - 5487 - 3734 - 6

Ⅰ.①矿… Ⅱ.①张… Ⅲ.①矿物相—实验—高等学
校—教材 Ⅳ.①P616 - 33

中国版本图书馆 CIP 数据核字（2019）第 194749 号

矿相学实验指导书

张术根　主编

□责任编辑	刘颖维		
□责任印制	易建国		
□出版发行	中南大学出版社		
	社址：长沙市麓山南路	邮编：410083	
	发行科电话：0731 - 88876770	传真：0731 - 88710482	
□印　　装	湖南省众鑫印务有限公司		

□开　　本	787×1092　1/16	□印张 3	□字数 90 千字　□插页 8
□版　　次	2019 年 8 月第 1 版	□2019 年 8 月第 1 次印刷	
□书　　号	ISBN 978 - 7 - 5487 - 3734 - 6		
□定　　价	28.00 元		

前言 Preface

本实验指导书是"矿相学"课程配套教材。"矿相学"是资源勘查工程专业的一门专业基础课，需要学生在32个总学时内(理论教学16学时，实验教学16学时)基本掌握不透明矿物鉴定、成因矿相学研究及矿石工艺性质研究的理论知识和专门技能。为了巩固该课程所学理论知识，掌握专门研究技能，提高实际动手能力，全面达成该课程的学习目标，特编写与教材配套的实验指导书。

在实验教学内容组织思想上，本实验指导书着眼于理论知识和专门技能的系统性、连贯性及相互依赖性，着力于培养学生理论知识与专门技能的综合应用、主动思维、创新性思维及独立工作能力，试图将实验原理、观测操作及结果应用融会贯通，以求达到使学生具有从事矿相学研究的综合能力与持续学习能力。

在实验教学内容安排上，每个实验除安排实验作业外，都安排了若干思考题，供学生进一步理解消化实验内容及相关理论原理。按照矿相学工作的三大任务要求，整个实验课分为4个循序渐进的实验教学模块。模块一：矿相学研究基本手段与对象(实验1)。着重了解矿相显微镜构造及其反射光学原理，熟悉矿相显微镜的操作使用与维护保养，矿石光片加工制备及其质量控制。模块二：不透明矿物的矿相显微镜鉴定(实验2、实验3、实验4)。渐进式学习训练单偏光系统、正交偏光系统不透明矿物反射光学性质及其他物理性质观测方法、矿物系统鉴定、简易鉴定及不透明矿物鉴定表的使用方法。受实验学时与实验条件限制，浸蚀鉴定与结构浸蚀、聚敛偏光系统不透明矿物反射光学性质观测不安排实验。模块三：矿石成因矿相学研究(实验5、实验6、实验7)。分别为以具体矿床的原生矿石为实验对象，按照任务要求由易到难、由实验课教师全程指导到主要由学生独立完成的渐进式教学安排，从矿石结构构造观察描述、矿物共生组合研究过渡到成矿期、成矿阶段划分及矿物生成顺序表编制。受实验学时与实验条件限制，矿物晶体颗粒内部结构观测方法不安排专门实验，将其分别嵌入模块一与模块二的有关实验部分。模块四：矿石工艺性质研究(实验8)。以实际矿床的原矿石为对象，考查其矿物嵌布特性、镶嵌关系、镶嵌类型，进行矿物嵌布粒度统计测算，绘制并分析应用矿物嵌布粒度特性曲线图，提出合理的矿石破磨选别加工建议。同样，受实验学时与实验条件限制，原矿石目的矿物体积含量测算方法、元素赋存状态考查方法不安排实验。

另外，为了使学生明确实验教学在矿相学研究能力培养方面的地位与作用、应达到的实验能力标准及具体的实验任务安排，特将"矿相学实验教学大纲"引入本实验指导书。

本实验指导书由张术根主编，张建东、刘建平、于淼、张宇为副主编。

本实验指导书的编写出版得到了中南大学、中南大学地球科学与信息物理学院的高度重视，获得了中南大学专业综合改革试点项目的经费资助。同时，感谢白银有色集团股份有限公司小铁山矿、铜陵有色金属集团股份有限公司冬瓜山铜矿及金川集团股份有限公司三矿区领导和工程技术人员在现场调查采样期间的支持与配合。另外，上述三个矿床(区)所附"地质矿化特征简介"参考了前人资料，已在相应部分注明。在此一并致谢！

作　者

2019 年 6 月

目录
Contents

矿相学实验教学大纲

一、制定实验教学大纲的依据

中南大学地球科学与信息物理学院资源勘查工程专业 2016 年 4 月制订的矿相学教学大纲。

二、本课程实验教学在培养实验能力中的地位和作用

"矿相学"是资源勘查工程专业的一门专业基础课。本课程的目的是使学生学习和掌握以矿相显微镜为主要手段鉴定不透明矿物的理论与方法，研究矿石结构构造、厘定矿物共生组合以获取矿床成因信息的理论与方法，考查矿石中有用、有害元素的赋存状态、矿物嵌布特性、镶嵌关系及矿物解离特性以了解矿石加工工艺性质的理论与方法。矿相学是一门实践性极强的课程，实验课是不可或缺的教学环节。通过实验课的学习训练，使学生巩固矿相学理论知识与专门技能，提高矿相学知识技能综合运用与实际动手能力，并获得实际工作经验，为深化与拓展矿床学、矿产资源勘查评价的知识技能及从事矿相学研究奠定基础。

三、应达到的实验能力标准

（1）熟悉矿相显微镜的构造和使用操作与维护保养方法，了解矿石光片制备工艺流程、材料设备、安全操作及质量控制。

（2）学会矿相显微镜下不透明矿物的反射光学性质及其他物理性质的观测方法。

（3）掌握不透明矿物综合性系统鉴定方法，熟悉常见不透明矿物的镜下特征。

（4）熟悉金属矿石的主要构造、结构类型及其形成作用的研究方法与鉴别特征。

（5）熟悉矿化期、矿化阶段和矿物生成顺序确定标志及矿物生成顺序图表编制。

（6）学会利用矿相显微镜观测原矿石的矿物嵌布、镶嵌特征、嵌布粒度测算及解离性研究的基本方法。

四、学时、教学文件及教学形式

（1）教学时数："矿相学"课程总学时为 32 学时，实验课为 16 学时，占总学时的 50%。

（2）教学文件：教师编制矿相学实验指导书，学生独立完成提交 8 次实验报告。

（3）教学形式：教师根据矿相学实验指导书要求，介绍实验涉及的基本概念、实验观测方法及实验内容要求；学生按照矿相学实验指导书要求，独立完成实验观测操作，获得实验结果，提交实验报告。

五、实验成绩评定

教师根据实验过程表现、实验结果及实验报告质量，按百分制评定每次实验成绩，实验成绩占课程总成绩的 30%。对实验成绩不合格者，本课程考核不予通过。

六、实验项目、实验要求及学时分配

实验名称	教学内容	学时	基本要求
实验 1. 矿相显微镜和光片制备	矿相显微镜构造与操作使用，光片（块）加工制备	2	熟悉矿相显微镜构造、调节与使用操作，参观了解矿石光块（片）加工及质量评价方法
实验 2. 不透明矿物矿相显微镜鉴定（一）	矿物的反射率、反射色及抗磨硬度观测、视觉反射率及抗磨硬度等级确定方法	2	熟悉 4 个视觉反射率等级"标准矿物"的目测反射率、反射色特征及抗磨硬度特征，判断斑铜矿、磁黄铁矿、毒砂、黄铜矿、磁铁矿的反射色与反射率、抗磨硬度等级
实验 3. 不透明矿物矿相显微镜鉴定（二）	矿物的双反射、反射多色性、均非性、偏光色及内反射	2	鉴别毒砂、辉铋矿、辉钼矿、铜蓝、磁铁矿、闪锌矿、白钨矿的反射多色性、均非性、偏光色与内反射特征，掌握观测方法

续上表

实验名称	教学内容	学时	基本要求
实验4.不透明矿物矿相显微镜鉴定（三）	光学性质及其他物理性质（抗磨硬度、切面形态、晶粒内部结构）系统鉴定，矿物鉴定表构成与使用方法	2	利用给定的矿石光片，通过矿物光学性质、抗磨硬度、切面形态、晶粒内部结构及矿物组合特征系统观察，熟悉综合鉴别方法与综合鉴定表的使用
实验5.金属矿石成因矿相学实验（一）	矿石构造与矿石结构的形态、成因类型及矿物组合观察	2	利用接触交代型铁铜硫化物矿石光块与光片，观测描述矿石构造与结构的形态、成因类型、矿物晶粒内部结构及矿物组合特征
实验6.金属矿石成因矿相学实验（二）	矿石构造与矿石结构形态、成因类型及矿物组合观察	2	利用岩浆熔离型铜镍硫化物矿石光块与光片，观测描述矿石构造与结构的形态–成因类型、矿物晶粒内部结构及矿物组合特征
实验7.金属矿石成因矿相学实验（三）	矿化期、矿化阶段和矿物的生成顺序划分方法与确定标志，矿物生成顺序表的编制方法、要求及应用	2	利用铅锌硫化物矿石光块与光片，通过观察分析，结合相关文字资料，学会划分确定矿化期、矿化阶段、矿物生成顺序及矿物世代，编制矿物生成顺序表
实验8.工艺矿相学实验	矿石的矿物嵌布特性、镶嵌关系、镶嵌类型观测方法，金属矿石的矿物嵌布粒度统计测算方法、粒度特性曲线图绘制与应用	2	利用铜镍硫化物矿石光片，观测确定黄铜矿的嵌布特征、与其他矿物的镶嵌关系与镶嵌类型，统计测算黄铜矿嵌布粒度，绘制粒度特性曲线并分析其最佳磨矿细度与最大理论解离度

实验1

矿相显微镜操作使用及光片制备

一、目的要求

(1)了解矿相显微镜构造,熟悉其机械系统、光学系统及辅助系统构成。

(2)掌握矿相显微镜操作使用程序、调节操作方法及保养维护方法。

(3)解光片加工制作工艺流程、材料设备、安全操作及质量控制。

二、实验内容

1. 矿相显微镜构造(图 1-1)

矿相显微镜构造如图 1-1 所示,它由机械系统、光路系统和辅助系统三大系统构成。

(1)机械系统

机械系统由镜座、镜臂、镜筒、旋转(载)物台及载物台升降调节螺旋组成。

镜座:支撑整台显微镜各部件的底座。

镜臂:安装在底座上,安装连接显微镜各功能性器件。

镜座和镜臂可统称为镜架。

镜筒:是物镜、反射器、(勃氏镜)、目镜的安装管道,也是光线垂直入射、垂直反射的通道。

旋转载物台:为边部有若干圆形插孔、中心具同心圆孔洞)的圆盘,水平安装在镜座的滑槽上,用以安放矿石光片或安装机械台。通过调节螺旋可实现一定距离范围内的升降调节;

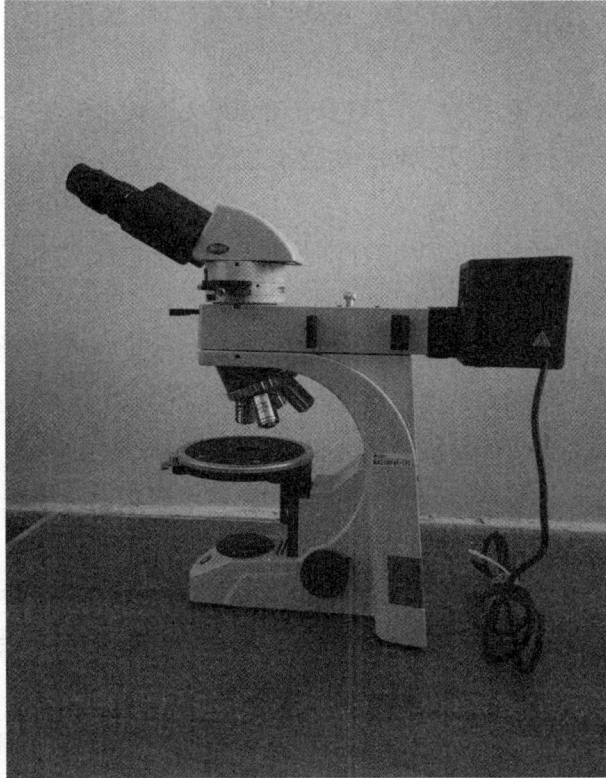

图 1 – 1 教学用矿相显微镜构造外观实体照片

（重庆光学仪器厂，Motic BA310POL + EPL 型）

可通过边缘实现旋转，上表面边缘有刻度盘，以控制旋转角度；还可通过边缘外侧卡口上的螺旋固定载物台旋转位置。

载物台升降调节螺旋：通过镜座上东西（左右）两侧的螺旋孔连接载物台升降滑槽，用来调节控制载物台的升降距离，一般同时配备粗调旋钮和同轴微调旋钮，以通过调节实现光片表面准确聚焦。

（2）光路系统

光学系统主要由光源、垂直照明器、物镜和目镜组成，通常还配备勃氏镜。

光源：现代矿相显微镜光源为亮度可调节、颜色接近白光的 LED 灯、卤素灯或卤钨灯，大多直接安装在垂直照明器顶端。

垂直照明器：安装固定在镜臂上方，顶端与光源连接，另一端与镜筒连接，由入射光管及一系列光学组件所构成。主要光学部件包括：入射光管、聚光透镜、准直透镜、孔径光圈、前偏光镜、视场光圈及反射器。

入射光管：为连接光源和反射器起通道作用的装置，并附有调节光线的部件。

聚光透镜：位于进光管最前端靠近光源处，其作用是将光源发出的光线聚焦于视域光圈上。

准直透镜：位于聚光透镜之后，使透过聚光透镜的光变为水平平行入射光。

滤色片：插口位于准直透镜与孔径光圈之间，通常有蓝色、黄色滤色片，可以通过插口抽插进入或退出光路系统。

孔径光圈：位于准直透镜之后，为可任意张开缩小的虹膜式光圈，用于控制入射光束直径大小、影像反差强弱及物镜的有效孔径。

前偏光镜：多用偏振膜或冰洲石棱镜制成，其作用是使入射的自然光变为直线（平面）偏光，即为一"起偏振器"。前偏光镜的振动方向一般采用东西方向（即左右方向）。

视场光圈：一般是由活动叶片构成的虹膜式光圈，用以调节视域（视野）照明范围的大小，挡去有害杂乱反射光射入视野，便于提高所观测矿物影像的清晰程度，以利于对其精细研究。

反射器：是垂直照明系统的关键部件，它将入射光管进来的光线垂直向下反射，到达矿石光片上起照明作用。有棱镜式、玻片式及更先进的二次玻片式（亦称史密斯式）等几种反射器，现代矿相显微镜多采用史密斯反射器。

物镜：是起物体放大作用的主要光学部件，是由多片形状不一的透镜组成的光学放大系统，其作用是使物体形成一个放大实像，人眼通过目镜来观察这个实像。

物镜分辨物像细微结构的能力用分辨率（L）来表达。物镜的分辨率是指物镜能分开两个点（或两条平行线）之间的最短距离。

物镜的分辨率除与物镜的各种像差有关外，主要取决于物镜的"数值孔径 $N \cdot A$"。$N \cdot A = N x \sin\alpha$，$\alpha$ 为物镜前透镜与光片上焦点间之光锥角，即孔径角的一半。

分辨率的数学表达式为：

$$L = 0.61\lambda/(Nx\sin\alpha) = 0.61\lambda/(N \cdot A) \qquad (1-1)$$

式中：λ 为入射光波波长；N 为观察介质的折射率；A 为 1/2 孔径角的正弦函数。

显然，改变入射光波长、观察介质折射率及物镜孔径角可改变物镜分辨率。

简要说明：实验指导教师应通过上述公式分析，简介普通光学显微镜物镜最大孔径角及油浸法原理，引申出电子显微镜高分辨率制造思路由来。

现代矿相显微镜一般配备有 5×（或 4×）、10×、20×、50×（或 40×）等不同倍率的物镜，部分矿相显微镜还配备 2.5×、100× 等倍率的物镜，它们都安装在可旋转的物镜安装盘上。

特别注意：矿相显微镜使用的是无应变的物镜，标有"POL"或"P"等字样表示无应变物镜。另外，因为改变观察介质折射率可以改变物镜分辨率，有些矿相显微镜还配有专门用于以浸油作为观察介质的物镜，其上标有"Oil"或"Oel"，不可将用于以空气作观察介质的物镜用于以浸油作为观察介质。

上偏光镜：其构造和功能与前偏光镜相同，安装在镜筒，位于反射器上方，可通过抽插进入或退出光路系统，其偏光镜振动方向一般采用南北方向，可通过旋钮调整偏振方向。

顶偏光镜：其构造与前偏光镜相同，但带有旋转刻度盘，安装在镜筒，位于上偏光镜上方，可通过抽插进入或退出光路系统，其偏光镜振动方向一般采用南北方向，可通过旋钮精确调整偏振方向，通常可取代上偏光镜使用，主要用于聚敛偏光系统检测非均质（视）旋转方向及（视）旋转角，故也称为分析镜。

目镜：安装在镜筒顶端，现代矿相显微镜一般采用消除了像场弯曲的平像目镜，具辅助放大物像的作用。

勃氏镜：安装在镜筒的上偏光镜与顶偏光镜之间，可通过旋转进入或退出光路系统，仅用于聚敛正交偏光系统矿物偏光图的观察，作用是放大偏光图图像以清晰观测反射（视）旋转及非均质（视）旋转的旋转角与（视）旋转色散现象。

（3）辅助系统

主要包括压平器、胶泥板、穿孔目镜、双石英试板（中村试板）、石膏试板及机械台，部分矿相显微镜还配备显微摄像系统。

压平器：光片在进行镜下观察前，需用软泥将其黏附于胶泥板上，然后借助于压平器将其顶面与载玻片的底面压成平行，以保证置于物台上的光片表面严格水平，并与镜筒光轴垂直。

胶泥板：为底面平整光滑、平面边长为 30～40 mm、厚度为 1～2 mm 的正方形或长方形平板，通常为有机玻璃平板或金属平板，其上表面置适量胶泥，以安放固定矿石光片。

穿孔目镜：其光学系统属于对称型正目镜。在目镜的前焦平面附近有供插入双石英试板的试板孔。在目镜与试板孔之间附有顶偏光镜，并能随 360° 刻度的度盘一起转动，游标可读至 0.1°。用这种目镜进行矿物旋转性定量测量较精确。

双石英试板（中村试板）：是由一个半圆形的左旋水晶和一个半圆形的右旋水晶（两者光性定向相反），垂直 C 轴被磨制成厚约 0.3 mm 的两片薄片拼在一起制成。双石英试板可准确地确定消光位，可分为两类：一类利用石英的非均质性；另一类利用石英的旋光性。使用时，试板插在穿孔目镜的焦平面上，使试板分界线重叠在被测矿物影像上，将矿物分为两半，当矿物处于准确消光位时，两半边呈现同样的微弱明亮或相同颜色；矿物稍微偏移离消光位，两半边的亮度或颜色即显著不同。利用左、右旋石英制成的中村试板目前被广泛使用。实验教学用显微镜没有配备双石英试板。

石膏试板：用以测定不透明矿物的相差符号和透明矿物的光性符号。

机械台：安装在载物台上，为带刻度尺、可在相互垂直的两个方向通过旋钮控制光片视域移动方向与距离的装置，主要用于矿石的目的矿物含量、颗粒粒度及其碎矿产品解离度测算。

高级图像分析系统：属于显微摄像系统，通过连接在矿相显微镜上的电脑或数码相机进行操作。该类型软件具有图像采集、编辑、分割、计算并可以将数据导出、对规则及不规则图形测量，可设置时间间隔自动拍照等功能。

2. 矿相显微镜操作使用程序

（1）矿相显微镜检查

检查机械系统、光学系统必备部件是否齐全，安装是否正常，功能是否正常。

（2）选择物目镜组合

多数教学用新型矿相显微镜通常配备 5×、10×、20×、50× 等不同倍率的物镜，部分矿相显微镜还配备 2.5×、100× 等倍率的物镜，只配备一种倍率的目镜，从而物目镜组合选择实际上是选择恰当倍率的物镜与固定倍率目镜组合。

（3）安装矿石光片

将光片底面安放在胶泥板上，利用压平器施以适当压力压平，确保光片上表面与胶泥板底面严格平行后，安放在载物台上，使光片上表面处在物镜下方。

（4）开启照明灯

打开照明器连在稳压器上的电源开关即可，注意调节到合适的电压和亮度。

特别注意：为了尽量延长照明灯使用寿命，通常在开启照明灯前，应将稳压器电压控制旋钮旋至最小，开启照明灯后再调节电压控制旋钮至合适的亮度。

（5）调节光路系统

通过调节螺旋调节载物台升降，使光片准确聚焦后，将光路系统调节至显微镜最佳光学状态。

（6）给定偏光系统矿石光片观察

按照实验任务要求，在处于最佳光学状态的矿相显微镜下观察研究矿石光片。

3. 矿相显微镜的调节方法

（1）光源调节

实验室矿相显微镜（重庆光学仪器厂生产，Motic BA310POL + EPL 型）的照明灯安装固定在垂直照明器顶端，光源点与进光管处在同一水平线上，只需要调节光源亮度。通常将抛光质量好、颗粒占满整个视域的纯净方铅矿砂光片置于单偏光系统，通过稳压器电压旋钮调节使其表面反射光为柔和纯白色，即可固定稳压器电压旋钮位置。

特别注意：有些矿相显微镜的照明灯安装在垂直照明器的前端灯泡位置可变的灯室，首先要调节光源位置，方法是转动灯室或灯头的螺旋，使光源点与进光管在同一水平线上，直至视野中亮度均匀，然后再按照上述方法调节光源亮度。另外，物镜倍率不同，抵达光片表面的有效入射光强不同；光学系统不同，现象观察需要的反射光强也有所不同。因此，物目镜组合不同、光学系统不同，都需要适度调节稳压器的电压旋钮。

（2）孔径光圈调节

取下目镜或推入勃氏镜，在物镜后透镜上可看到孔径光圈的像。若此像不在正中心、过小或过大，则应调节孔径光圈校正螺丝校正之。由于孔径光圈直径大小与物镜分辨率与像质的关系极为密切，所以其大小在使用时应随物镜放大倍数而异。一般在用低倍镜时，应使它在物镜后透镜上的像为物镜框的 2/3，中倍镜则为 1/2，高倍镜应为 1/3。

（3）视场光圈调节

视场光圈锁定视域范围，通常要保障整个视域入射光强均匀分布，边缘不出现耀光或暗化现象，有时为了观察视场内特定的目标矿物颗粒对象，尽量减少其他矿物颗粒的反射光学特征干扰，还需要缩小视域照明范围，从而需要调节视场光圈。方法是先将视场照明范围调至视场的 1/3 或最小，利用视场光圈上的一对调节螺旋，使视场照明范围居于视场中心，然后将光圈调至整个视场照明均匀。

（4）偏光镜零位校正

偏光镜的振动方向应与反射器对称面严格垂直（或平行），否则会使来自前偏光镜的东西向（或南北向）直线偏光，经反射器后会发生反射旋转和折（透）射旋转，从而影响矿物光学性质的定量测定。对偏光镜的校正根据显微镜的型号、结构不同而不同。较严谨的偏光镜零位校正可用双石英试板完成。比较简单实用的方法步骤是：①将有较粗辉钼矿片状颗粒的矿石光片（镶嵌辉钼矿单矿物颗粒的砂光片）置于载物台，选择大角度交切光学主轴 C 轴的辉钼矿晶体切面，聚焦后旋转载物台，使其晶片延长方向固定在东西方向，推出上偏光镜，推入前偏光镜，再通过反复缓慢旋转前偏光镜的偏振方向调节旋钮，边调节边观察晶片亮度变化，直至晶片亮度达到最大即表明前偏光镜偏振方向为东西向，记录固定偏振方向调节旋钮刻度位置；②保持辉钼矿晶片延长方向和前偏光镜偏振方向为东西向，再推入上偏光镜（或顶偏光镜），通过缓慢转动上偏光镜（或顶偏光镜）的偏振方向调节旋钮，直至目标辉钼矿晶片最暗，说明前偏光镜与上偏光镜（顶偏光镜）的偏振方向严格正交，记录固定上偏光镜（顶偏光镜）的偏振方向调节旋钮刻度位置；③精确校正偏光镜零位：在上述两步骤基础上，选择含有较粗颗粒均质金属矿物（如黄铁矿）的矿石光片（镶嵌该均质金属矿物单矿物颗粒的砂光片）置于载物台，使用高倍物镜，轻微转动前偏光镜和上偏光镜（或顶偏光镜），使其聚敛偏光图呈平行目镜十字丝的端正完美的黑十字，偏光镜位置即为比较严格准确的零位，记录固定它们的零位刻度备用。

（5）视域中心校正

如果载物台的旋转轴、镜筒中轴、物镜中轴和目镜中轴严格地处在同一条直线上，则旋转载物台时视域中心的物像不会偏动，其余的物像则围绕视域中心做同心圆周运动，物像也不会因载物台的旋转而转出视域之外。反之，则光学中心会偏离视域中心，需要进行视域中心校正。现代矿相显微镜出厂时已经安装控制载物台旋转轴、镜筒中轴、物镜中轴、目镜中轴处在同一直线。但因为物镜在使用时经常要转动变换，可能会使其中轴偏离上述直线，也可能因为光片没有压平，有时会使视域中心偏离。在确保光片压平的前提下，只需要将物镜焦平面调节到水平面即可保障视域中心稳定。调节方法与步骤是：①将物镜正确安装、准焦后，在光片中选一小点物像 A，移至十字丝交点上；②旋转载物台 360°，找出物像 A 旋转的轨迹圆的中心位置 O；③旋转载物台 180°，估计中心位置 O 与十字丝交点的间距；④在物镜安装盘的工作物镜两侧插孔插入物镜校正螺丝，扭动物镜校正螺丝，调整物像 A 偏离中心 O 的位置，即物像 A 移至偏心圆的中心 O 点位置；⑤移动光片，将物像 A 移至十字丝交点上；⑥旋转载物台 360°，十字丝中心的物像 A 不再做偏心圆周运动，则视域中心已校好。若旋转载物台时物像 A 还偏离十字丝中心，则重复上述步骤，直至完全校好。

（6）光路系统综合调节优化

如果显微镜的各可调光学部件都调节到了其最佳状态，则该显微镜应处在最佳光学状态，无须光路系统综合调节优化。但是，对于初学者而言，往往某些光学部件的调节未必调节到了最佳状态，故在各可调光学部件调节后，通过矿石光片占据整个视场的矿物晶体颗粒切面，在单偏光、正交偏光乃至聚敛偏光系统的观察，检查光路系统的整体光学状态，如在单偏光系统观察视域亮度、颜色是否均匀，视域中心物像点是否偏动，正交偏光系统观察偏振器偏振方向是否严格正交；聚敛偏光系统均质矿物偏光图是否为平行目镜十字丝的端正完美的黑十字，再分析非理想光学状态产生的原因，进行光路系统综合调节优化。

4.矿相显微镜保养维护

显微镜保养维护专业性很强，实验课只介绍操作使用维护的基本常识。

①矿相显微镜各系统安装连接必须精确到位才能有效调节使用，各部件由光学玻璃、金属及橡塑材料单独或组合而成，相对易碎或易变形，为了充分发挥显微镜功能和延长其使用寿命，安放部位要平整，无振动，与其他物品保持足够空间距离，操作使用时要防止碰撞显微镜。

②任何部件、附件的螺旋不应乱搬硬拧，如遇到故障，应仔细找出原因（如方向拧错、卡住或已旋到极限等）后妥善处理。

③显微镜的部件（如物镜与目镜等），无论同型号或不同型号，都不能混用。

④调焦时注意不要使物镜碰到试样，以免划伤物镜。

⑤偏光镜须轻推轻拉，镜头装卸也要轻上轻下，以免因振动应变，脱胶损坏。

⑥光学系统需严格保持清洁，所有透镜及偏光镜如有灰尘、油污或汗渍(水渍)都只能用镜头纸或脱脂棉轻轻擦拭干净。

⑦低压照明灯插头要插在稳压器上，绝不可直接插在电源上，以防烧毁灯泡。照明灯、稳压器连续通电时间不可过长，在相对较长的使用空隙期应随手关闭。此外，若稳压器发出嗡嗡声，须立即将稳压器插头从电源上拔下检查。

综上所述，矿相显微镜的使用、保管、维护应得当，如轻拧(升降螺旋)、轻动(装卸镜头)、光源灯泡接专用稳压器和随手关灯、防尘(用毛笔、麂皮、镜头纸轻拭)、防霉(保持干燥与勤检修)等。

5.矿石光片制备

矿石光片(光块)加工制备是完成各项矿相学研究任务的前提，也是矿相学工作者的必备技能。

(1)工艺流程

矿石光片是一面被磨平并抛光过的矿石小标本。其制作流程是将金属矿石经过切割、磨平、抛光等工序磨制成一个大约为 25 mm×30 mm×10 mm 的长方形规则块体，用于在反射偏光显微镜下观察，以完成相应的矿相学研究任务。

①切割：磨制光片所用矿石块，需先用切片机[图 1-2(a)]将矿块切成较平整规则、尺度略大于上述尺寸的长方形块体。十分致密而坚固的矿石样品可直接磨制，较疏松易碎的矿石样品，可先用树胶胶结加固(煮胶)后再进行切割。切割时，应注意光片观察面的切割方向和切割部位。除非有特殊要求(如定向光片)，对于金属矿物分布较均匀的矿石样品(如块状、浸染状矿石)，切割方向相对比较随意；对于金属矿物定向非均匀分布的矿石样品(如脉状、条带状矿石)，切割方向应尽量大角度相交定向方向；对于金属矿物无定向非均匀分布的矿石样品(如角砾状、斑杂状矿石)，切割方向应选择金属矿物相对聚集、在磨光面矿物组合及矿石构造成分最齐全的方向。切割部位的选择应在切割方向约束下尽量保证切割留下来的碎块至少有 1 块有足够块度、能反映矿石组构与矿物组合全貌。

②粗磨：将切下的矿石块放在磨片机上进行粗磨[图 1-2(b)]，选用 100 号金刚砂把矿石磨成 25 mm×30 mm×10 mm 的长方形光片，然后再用清水洗净，此步骤完成后光片两面(抛光面和底面)要保证平整，边角钝化。

③细磨：为了防止光片在细磨时有疏松碎屑掉下，有些粗磨后的块体还需要在细磨前用树胶胶结，再用 600 号金刚砂在细而平的铁盘上进行细磨[图 1-2(c)]，直至把粗磨痕迹磨掉，然后用清水洗净。此步骤正反两面均需要进行。

④精磨：将细磨后的光片用 1000 号白刚玉粉磨料在精磨机或毛玻璃板上，磨到消除所有

擦痕，使光片表面平整光滑、发光感显著时，再用清水洗净。

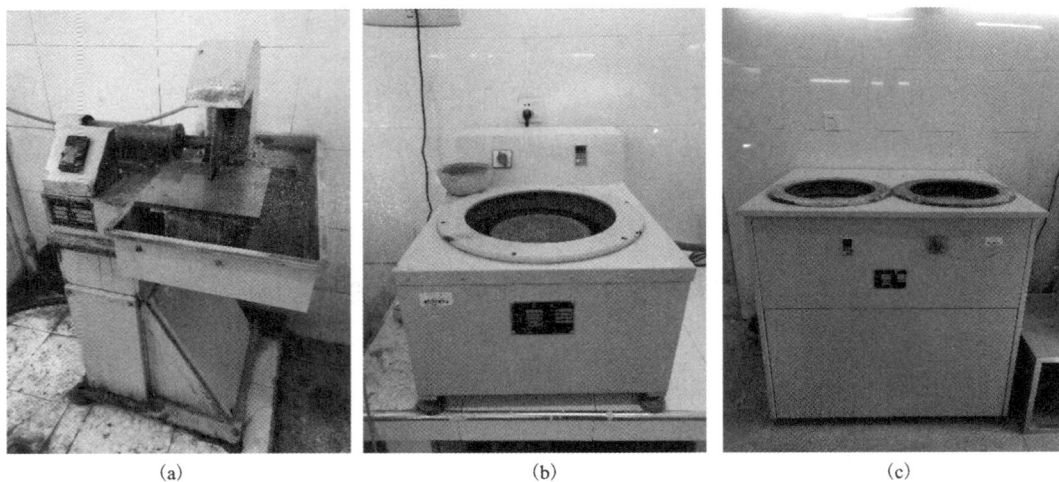

图 1-2 光片切割研磨设备

(a)切割机；(b)粗磨机；(c)细磨机

⑤抛光：将精磨后的光片在抛光机上抛光(图 1-3)。通常，抛光机是研磨机磨盘换位铝制抛光盆，再在其上均匀密实覆盖固定抛光布而构成的。抛光布材质有丝绒布和麂皮等。抛光时，可根据矿物软硬程度不同，选择不同的磨料和抛光布。一般采用氧化铬粉在丝绒布上进行抛光就能达到很好的抛光效果，但有些光片需要适当添加某些液态助剂或其他抛光剂(如硅溶胶)。光片抛光后用清水漂洗再及时用干丝绒和麂皮把光面轻轻擦干，切忌手摸抛光面。

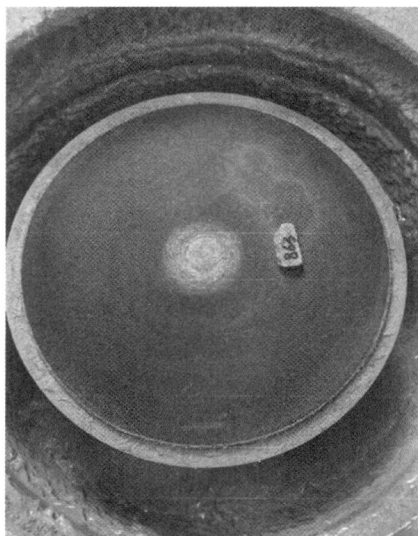

图 1-3 抛光机上的抛光盘

⑥编号：光片磨成之后，必须随即编号，以免混淆。编号时，可先在光片的侧面或底面涂上白漆，然后以绘图墨水或黑、红油漆写上编号。这些工作做完后，即可供矿相显微镜观察、鉴定和研究。

（2）材料设备

①设备：磨制光片的设备主要有切割机、粗磨机、细磨机、抛光机。

②材料：生产耗材主要为不同型号的金刚砂，抛光粉及抛光布。

（3）质量控制

光片的质量好坏直接影响矿相学研究工作。首先，光片磨光面应能最大限度地反映该矿石样品的金属矿物组合与矿石结构类型，还应尽量兼顾主要矿石构造及赋矿岩石蚀变特征，这就要求在矿石切割加工时要细致观察矿石样品的上述特征，确定最佳切割方向与部位，送样委托磨片车间加工时，应以油漆笔画定切割方向与部位。其次，光片磨光面要求平滑如镜，硬矿物和软矿物的相对突起不过于明显，应尽量避免有小坑、细裂缝或擦痕存在，这就要求切割、磨平及抛光各加工步骤操作严谨规范，防止光片在磨片、抛光加工时有碎屑脱落或从上道工序带入，尤其要避免不同型号的磨料混杂，还应注意根据金属矿物硬度及不同矿物间的抗磨硬度差别程度，适当控制磨平、抛光的力度、速度及时间。

碎屑状矿物集合体或单矿物样品，用各种热塑成型材料(如电木粉)在镶样机镶制成块体后也可磨成(砂)光片。与原矿石样品比较，这类光片的磨制加工样品通常无须切割工序，但热塑成型材料抗磨硬度较低，制备时应特别注意磨平、抛光的力度、速度及时间，还应注意镶样时控制镶制时间，上限温度、压力及其梯度，保证镶制样品的碎屑颗粒与热塑成型材料胶结牢固、密实、无气泡。

（4）安全环保操作

光片磨制过程涉及高速运转的高硬度切割工具，切割、磨片、抛光各环节分别有矿石碎屑、粉尘(包括磨料)及废水产生，操作者操作要严谨规范，注意劳动防护，废渣、废水要安全排放，保证光片制作过程安全、环保。

三、实验方法

（1）教师逐步演示讲解矿相显微镜构造，各光学部件名称及功能，单偏光、正交偏光、聚敛偏光系统光学行程，偏光镜零位校正、视域中心校正及光路系统综合调节优化，演示讲解过程中学生跟进操作。

（2）分组参观磨片室(每组 4~6 人)，了解矿石光片制备工艺流程，认识加工设备及材料，基本了解矿石光片质量控制及安全环保关键环节。

（3）学生独立操作矿相显微镜，重点进行偏光镜零位校正、视域中心校正及光路系统综合调节优化,并熟悉单偏光、正交偏光、聚敛偏光系统光学行程,教师巡回检查、指导、答疑。

四、实验作业

(1)分别绘制单偏光、正交偏光、聚敛偏光系统光学行程示意图。

(2)总结偏光镜零位检查与校正的方法及步骤。

(3)总结视域中心校正的方法及步骤。

(4)概述光片制备流程及光片质量控制方法。

思考题

1.矿相显微镜与透射偏光显微镜在构造上有哪些明显差别?

2.物镜工作距离的概念是什么?与物镜分辨率有什么关系?

3.为了保证视域中心校正的可靠性,在进行校正前应注意哪些问题?

4.为什么能利用辉钼矿可进行偏光系统校正,其切面方向要求如何?

5.条带状、脉状矿石磨制矿石光片,你认为其切片方向与位置如何布置最好?

6.利用一块角砾状矿石手标本(90 mm×60 mm×30 mm)(角砾体积含量40%,角砾直径5~8 mm,较均匀分布)磨制成符合岩矿鉴定要求的矿石光片(25 mm×30 mm×10 mm),应如何切割磨制最理想?

实验2

不透明矿物矿相显微镜鉴定（一）
反射率、反射色、相对抗磨硬度及磨光面特征观察

一、目的要求

（1）掌握"标准矿物"的反射率、视觉反射率等级、反射色特征及其表达方式。

（2）掌握矿物相对抗磨硬度的判别方法及刻划硬度等级的判别标志。

（3）判断斑铜矿、磁黄铁矿、磁铁矿、毒砂、黄铜矿等矿物的反射色、反射率和相对抗磨硬度。

二、实验内容

1. 矿物的反射率及视觉反射率等级

矿物的反射率：是指在矿相显微镜下垂直入射光经矿物光面反射后的反射光强 I_r 与原入射光 I_i 的比率 R，即：$R = (I_r/I_i) \times 100\%$。

矿物的视觉反射率等级即实测对比反射率等级：是不透明矿物综合鉴定表编制与使用的重要检索指标。反射率等级划分方法是以存在合理的反射率级差的"标准矿物"——黄铁矿、方铅矿、黝铜矿及闪锌矿 4 种矿物作为分级标准，从而将矿物的反射率划分为五级：Ⅰ级——视觉反射率高于黄铁矿（$R > 53\%$）；Ⅱ级——视觉反射率介于黄铁矿和方铅矿之间（$43\% < R < 53\%$）；Ⅲ级——视觉反射率介于方铅矿和黝铜矿之间（$31\% < R < 43\%$）；

Ⅳ级——视觉反射率介于黝铜矿和闪锌矿之间（17% < R < 31%）；Ⅴ级——反射率低于闪锌矿（R < 17%）。

2. 矿物的相对抗磨硬度及刻划硬度等级

相对抗磨硬度：是指矿物抵抗研磨作用力的能力。

刻划硬度等级：为度量矿物抵抗刻划作用力的能力强弱的等级，是不透明矿物综合鉴定表编制的重要检索指标。为了提高不透明矿物鉴定效率并获得矿物力学性质的感性认识，将矿物抵抗金属针刻划的能力分为高硬度、中硬度和低硬度三个等级。因为实验光片需长期使用，不可能在实验课上进行金属针刻划操作，故通常以相对抗磨硬度等级代替刻划硬度等级：大体上摩氏硬度不小于5的矿物为高抗磨硬度矿物，摩氏硬度不大于3的矿物为低抗磨硬度矿物，相对抗磨硬度、刻划硬度及抗压硬度之间没有简单的线性关系。在"标准矿物"中，黄铁矿为高硬度矿物，黝铜矿、闪锌矿为中硬度矿物，方铅矿为低硬度矿物。实验时可参考其磨光面特征判断待测矿物的相对抗磨硬度等级。

不同相对抗磨硬度矿物的抛光性能及磨光面特征：高硬度矿物抛光性能差，抛光时磨料（锆石粉、氧化铝粉、氧化铬粉）在抛磨面上运动所受阻力不稳定而做跳跃式非匀速运动，从而可在磨光面留下显微刻蚀坑，使得磨光面常出现无垂直反射光或垂直反射光强度很弱的麻点；中硬度矿物抛光性能好，抛光时磨料在抛磨面上运动所受阻力稳定而做水平匀速运动，磨光面显微高差消除，使得磨光面为光洁平面，垂直反射光分布均匀；低硬度矿物抛光性能较差，抛光时磨料虽然在抛磨面上运动所受阻力稳定而做水平匀速运动，但因为磨料在磨光面并非等密度分布，加之磨料粒度并非完全等粒，从而可留下擦痕（往往为断面呈"V"形的非平行等密的显微弧线），甚至使磨光面为显微曲面而难以同时准确聚焦。

显微镜下矿物的相对抗磨硬度高低的判别方法：

①毗连矿物界面亮带移动规律判断法。因为抛磨削蚀，软矿物的磨光面成为下凹平面，高硬度矿物的磨光面成为上凸平面，在软、硬矿物交界部位则形成过渡性斜面。根据反射定律，在软、硬矿物交界部位的斜面上，反射光将偏向硬度较低的矿物方向斜反射。因此，在矿相显微镜单偏光系统下观察，软、硬矿物交界线靠近硬矿物的边缘位置因反射光强度减弱而显得黑暗，而交界线的硬矿物外围则因反射光强度增高而显得较为明亮，形成亮带。当缓慢下降载物台，使物镜前焦平面位置相对升高时，可观察到亮带向低硬度矿物方向移动。当缓慢抬升载物台，使物镜前焦平面位置相对降低时，亮带就向高硬度矿物方向移动。因此，可以根据上述操作过程中软、硬矿物界面附近亮带的移动规律来判断它们的相对抗磨硬度高低。

②聚焦顺序法。这种方法既可比较毗连矿物的相对硬度，还能比较全视域各种矿物的相对抗磨硬度。具体做法是：选用中、高倍物镜，先调节焦距使视域内物像基本清晰，再适当

降低(或抬升)载物台高度,使视域内的物像均较模糊,然后缓慢抬升(或降低)载物台,观察抬升(或降低)载物台过程中毗连矿物准确聚焦、物像清晰程度达到最高时的先后顺序,即可判断它们的相对抗磨硬度高低。

3. 矿物的反射色及其表达方式

矿物的反射色是指矿物磨光面在矿相显微镜下光源发出的白光垂直照射下,其垂直反射光所呈现的颜色。反射色是矿物对不同波长的入射光不等量吸收、选择性反射的结果,由矿物的反射率色散曲线决定。根据反射率色散曲线特征,可将不透明矿物分为无色类、微弱颜色类及显著颜色类三类。

矿物反射色在严格意义上需要用色度图来表征。在矿相显微镜下定性观察描述矿物反射色时,原则上遵循标准光谱色命名,但实际上很多矿物的反射色比较复杂,并非单纯的标准光谱色,多为复合色,而且颜色还有浓淡差别。通常采用(浓度)+次要颜色(形象色觉颜色)+主要颜色(形象色觉颜色)+色调(形象色觉色调)的颜色命名方法,如"标准矿物"的反射色:黄铁矿为亮黄白色;方铅矿为柔和纯白色;黝铜矿为浅灰白色,个别可带蓝绿色调;闪锌矿为浅灰色。对于无选择性吸收、等量反射的矿物反射色,随反射率不同,可命名为白色、浅灰白色、浅灰色、灰色及灰黑色等,如方铅矿为白色,黝铜矿为浅灰白色(部分带蓝绿色),闪锌矿为灰色(部分微带淡蓝色或淡棕色)。

三、实验方法

1. 观测条件

单偏光系统,相同物镜倍率,相同入射光强度。

2. 观测操作

①选择合适的物镜倍率:使目标矿物占据90%以上视域面积,以减少非目标物质的反射干扰。当观测对象为实验室的镶嵌单矿物砂光片时,观测时采用倍率为10×或20×的物镜较合适,更高倍率物镜观测操作难度相对较大。

②选择目标矿物表面的可辨特征点(如微细的机械包裹体、黄铁矿表面麻点、方铅矿解理交汇点碎粒脱落后形成的黑三角孔),并将该点置于视域中心,通过旋转载物台检测视域中心是否已经校正。如未校正,则根据实验1所介绍的方法步骤完成视域中心校正。

③将方铅矿置于视域中心,调节光源亮度,必要时取舍或选择滤色片种类,使方铅矿表面反射成为柔和的(反射强度合适,不刺眼)纯白色(方铅矿没有明显的选择性吸收,从而表

明入射光为纯正的白光),再固定稳压器调压旋钮。

④利用四合一或八合一砂光片或单矿物颗粒砂光片,反复观察对比黄铁矿、方铅矿、黝铜矿、闪锌矿的亮度特征(刺眼程度)及反射色特征。要反复对比观察训练,熟悉其亮度视觉对比特征,并能消除反射色差异对视觉亮度的干扰。在此基础上,利用铅锌硫化物矿石光片、铁铜硫化物矿石光片,观察判断毒砂、黄铜矿、斑铜矿、磁黄铁矿、磁铁矿的视觉反射率等级及反射色。

⑤利用四合一或八合一砂光片,反复观察对比黄铁矿、方铅矿、黝铜矿、闪锌矿抛光性能,根据擦痕、麻点发育等特征判别它们的相对抗磨硬度,并总结不同相对抗磨硬度对应矿物的抛光性能。在此基础上,改用高倍率物镜,利用聚焦顺序法判断各矿物的相对抗磨硬度高低。

⑥利用铅锌硫化物矿石、铁铜硫化物矿石光片,根据毗连矿物界面附近亮带存在与否及升降载物台时亮带移动规律判别它们的相对抗磨硬度高低,并改用高倍物镜利用聚焦顺序法判断视域内毗连、非毗连矿物的相对抗磨硬度高低,并参照"标准矿物"的相对抗磨硬度及抛光性能,确定黄铜矿、毒砂、磁铁矿、磁黄铁矿等矿物的相对抗磨硬度。

3.观测对象

黄铁矿、方铅矿、黝铜矿、闪锌矿、毒砂、黄铜矿、斑铜矿、磁铁矿、磁黄铁矿等单矿物砂光片,八合一、四合一砂光片,铅锌硫化物矿石光片,铁铜硫化物矿石光片。

四、实验作业

列表记录实验矿物的各项光学性质观测结果。列表形式如表2-1所示。

表2-1　实验矿物的各项光学性质观测记录表

矿物名称	单偏光系统			
	视觉反射率等级	反射色	相对抗磨硬度等级	磨光面特征
黄铁矿	Ⅱ顶、Ⅰ底	亮黄白色	高硬度	差,表面有麻点
毒砂				
磁铁矿				
黄铜矿				
斑铜矿				
磁黄铁矿				
备注	黄铁矿为观察描述示例,供观察描述其他矿物时参考,但反射率等级要明确			

思考题

1.要比较准确地判断两个不透明均质矿物 A、B 的视觉反射率的相对高低,应特别注意保持哪些观察条件的稳定性,为什么?

2.如何保证在矿相显微镜下不透明矿物反射色观察与描述的相对准确性?

3.试简要说明矿石光片上利用边界亮带移动规律判别两个相邻矿物相对抗磨硬度的反射光学原理,并给出示意图。

4.在矿相显微镜单偏光系统,为什么相对抗磨硬度高的矿物磨光面常可观察到麻点,而相对抗磨硬度低的矿物磨光面则常见擦痕? 解释并给出示意图。

不透明矿物矿相显微镜鉴定(二)
内反射、双反射、均质性、非均质性、偏光色观察

一、目的要求

(1)熟悉矿物双反射、反射多色性及其表达方式。
(2)熟悉矿物均质性、非均质性、偏光色观测方法与表达方式。
(3)掌握正交偏光系统矿物内反射观测及其表达方式。

二、实验内容

1.矿物双反射、反射多色性及其表达方式

矿物双反射、反射多色性是部分强非均质矿物所具有的反射光学性质。中低级晶质矿物晶体颗粒切面在两个相互垂直的方向分别出现较高反射率和较低反射率的性质,称为双反射率或双反射。在具双反射的晶体颗粒切面上,反射色随反射率变化而变化的性质,称为反射多色性。

除显微镜自身质量和其光学状态调节质量及光片加工质量会影响视觉双反射、反射多色性观察外,非均质切面的相对双反射率、相对双色散率是决定其明显程度的关键因素。

非均质切面的相对双反射率及相对双色散率高低与该切面的光性方位有关:切面方向越偏离光性椭球体的 R 主切面,双反射、反射多色性越不明显。因此,观察双反射、反射多色性时,应先尽量选择观测非均质矿物的多晶集合体颗粒或同时选择多个分散在视域内的该矿

物颗粒进行观测,再选择双反射、反射多色性最明显的晶体颗粒切面详细观测描述其特征。

　　观测描述双反射明显程度时,通常定性地划分为特强(单个晶粒特别显著)、显著(单个晶粒清楚可见)、清楚(多颗粒集合体清楚可见)、微弱(多颗粒集合体隐若可见)、无(多颗粒集合体在浸油中也不显示亮度和颜色的差异)5个等级。实验时可采用较粗略的三级视测分级:Ⅰ级——清楚:教学用矿相显微镜单偏光下转动载物台,观察矿物单个晶体颗粒切面能显示亮度、颜色变化者;Ⅱ级——可见:教学用矿相显微镜单偏光下转动载物台,虽然观察矿物单个晶体颗粒切面时难观察到其亮度、颜色变化,但观察矿物多晶集合体颗粒切面能显示亮度、颜色变化者;Ⅲ级——未见:教学用矿相显微镜单偏光下转动载物台,观察矿物单个晶体颗粒切面时观察不到其亮度、颜色变化,并且观察矿物多晶集合体颗粒切面也不显示亮度、颜色变化者。

　　观测描述反射多色性时,通常以双反射最明显的切面从最明位($R_1//$入射偏光振动方向)颜色到暗位($R_2//$入射偏光振动方向)颜色表达,例如磁黄铁矿反射多色性为乳黄—淡红褐色。

2. 矿物均质性、非均质性、偏光色及其表达方式

　　矿物的均质性、非均质性、偏光色都是在矿相显微镜正交偏光系统观察的光学性质。

　　在正交偏光镜间矿物颗粒切面各方位均呈消光状态的光学现象称为均质效应。矿物任何切面都显示均质效应的性质称为矿物的均质性。

　　在正交偏光镜间矿物颗粒切面除特殊方位消光外,其他切面都显示亮度、颜色变化的光学现象称为非均质效应,矿物显示非均质效应的性质称为矿物的非均质性,是非均质矿物所特有的光学性质。非均质矿物显示均质效应的特殊切面称为均质切面。高级晶族为均质矿物,所有切面都显示均质效应。中级、低级晶族矿物为非均质矿物,只有个别特殊切面显示均质效应,其他任意切面都显示非均质效应。非均质效应显示程度随切面光性方位而有所变化。

　　白光垂直入射时,在严格正交偏光条件下,非均质矿物于主切面的主反射率方向与入射偏光振动方向相交45°的位置上显示的颜色称为偏光色。任意非均质切面观察到的偏光色称为切面偏光色。不难理解,非均质矿物的切面偏光色与矿物偏光色的显现程度、颜色浓淡乃至颜色自身都可以存在某些差别。

　　除显微镜自身质量和其光学状态调节质量及光片加工质量会影响矿物均质性、非均质性及偏光色观测外,矿物切面光性方位是影响观察的关键因素。当然,矿物自身是否存在非均质视旋转、非均质视旋转角大小及非均质视旋转色散是决定均质性、非均质性、非均质性强弱程度及偏光色明显程度与颜色的内在因素。

　　偏光色与反射色的颜色命名方法相同,总体上看,反射率较高、相对双反射率较大、吸

收系数较大的非均质矿物，其偏光色较明亮。但应特别注意，如果偏光镜并非严格正交，则旋转载物台一周，会出现两种偏光色：视域的对角线象限偏光色相同，与相邻象限有别。观察一组对角线象限的颜色，当加深某种或某些色光时，另一组对角线象限则减弱这种或这些色光。这就意味着虽然特定切面各单色光的非均质视旋转角是固定的，但在非严格正交偏光系统，它们在上偏光振动方向的投影分量随 R_1（或 R_2）偏离 45°而有差别，如果按照某特定方向偏转上（或顶）偏光镜并记录偏光色变化顺序，有时是有助于鉴定矿物的。另外，非主切面的偏光色与主切面偏光色无论颜色或颜色浓度都可存在差异。

还要特别注意的是，当非均质矿物的内反射较明显时，其非均质性和偏光色都可被内反射所干扰，尤其是偏光色的内反射干扰更加强烈，内反射较强时往往无法有效观察偏光色。但这并不意味着该非均质矿物（切面）没有偏光色，而可描述为"被内反射所掩盖"。

3. 矿物的内反射及其表达方式

白光射向矿物光片表面除反射光外，一部分光线折射透入矿物内部。当遇到矿物内部的充气或充液的解理、裂隙、空洞、晶粒、包裹物等不同介质分界面时，将发生反射、全反射和折射，使一些光线从矿物内部折射出来，这种现象称为矿物的内反射。若内反射出来的光线没有色散现象则仍为白光；若发生色散则显示颜色，该颜色称为内反射色。内反射色实际上就是矿物的透射色，即矿物的体色。

除外部观察条件影响矿物的内反射观测外，矿物透明程度及矿物对入射到其内部的可见光是否存在色散是能否观察到内反射、内反射色的关键因素。而影响内反射观测显著的外部观察条件是能否有效减少或消除表面反射光的干扰。因此产生了可利用不同观察介质（空气、浸油）、不同观测对象（磨光面、粉末）进行观测的自然光斜照法、正交偏光法及偏光图法等观测方法。

根据不同观察介质与观察方法所获得的内反射明显程度，通常分为 4 级。从强到弱依次是：①显明。使用空气介质，无论自然光斜照法或正交偏光法观察矿物磨光面，内反射都很明显，如白钨矿、孔雀石、蓝铜矿等。②可见。使用空气介质，无论自然光斜照法或正交偏光法观察矿物磨光面均可显示，观察粉末或使用浸油介质观察显示明显，如闪锌矿、赤铁矿、铬铁矿等。③微弱。只有使用浸油介质观察粉末稍可见到，如砷黝铜矿、硫砷铜矿等。④无。用任何观察介质及观察方法都无内反射现象，如黄铁矿、黄铜矿等。但实验时，受实验室条件、教学要求、实验学时等约束，不使用浸油作为观察介质，也很少在光片磨光面刻划观察矿物粉末，可简单地将内反射分为两级：①显内反射。以空气为观察介质，用自然光斜照法或正交偏光法观察矿物磨光面或粉末显示内反射。②不显内反射。以空气为观察介质，用自然光斜照法或正交偏光法观察矿物粉末也不显示内反射。有必要指出的是，对于矿物内反射的观察描述，不仅要确定其等级，有颜色者还要描述其内反射色。

内反射的判别:要特别注意区别表面反射与内反射。通常内反射现象有能够有效区别于表面反射的特征:①具透明感、云雾感、立体感;②随载物台升降变化,往往聚焦部位变化;③显现的透明程度、颜色的分布往往不均匀。

三、实验方法

1.观测条件

矿物的双反射和反射多色性在矿相显微镜单偏光系统观察,矿物的均质性、非均质性及偏光色在正交偏光系统观察,内反射(内反射等级及内反射色)观测条件多样,实验时以矿物磨光面为对象在高倍物镜正交偏光系统观察。

2.观测操作

非均质矿物双反射在单偏光系统缓慢转动载物台观测矿物磨光面是否存在明暗变化及时明暗变化明显程度进行分级表达(以多晶集合体或多个该矿物颗粒为观测对象比单个晶体颗粒的观测效果更好),反射多色性则选择明显程度变化最明显的晶体颗粒分别观测记录在最明位、最暗位。

矿物均质性、非均质性在正交偏光系统(可使上偏光镜偏离正交位 1°~3°)缓慢转动载物台观测矿物磨光面是否存在明暗变化及对明暗变化明显程度进行分级表达(以多晶集合体或多个该矿物颗粒为观测对象比单个晶体颗粒的观测效果更好),偏光色则选择明暗或颜色变化最明显的切面观察记录其在严格正交偏光系统 45°位的颜色并自正交位沿特定方向缓慢偏转上(或顶)偏光镜的颜色变化。

矿物内反射在严格正交偏光系统观测时,可旋转或固定载物台观察。既要观察记录内反射强度等级,又要记录其内反射色的主要类型。

3.观测对象

黄铜矿、毒砂、辉锑矿、辉钼矿、磁铁矿、闪锌矿、白钨矿单矿物镶嵌片(砂光片)和矿石光片。

四、实验作业

列表记录实验矿物的各项光学性质观测结果,列表形式如表 3-1 所示。

表3-1　实验矿物的各项光学性质观测记录表

矿物名称	正交偏光系统			单偏光系统	
	均质性、非均质性	偏光色	内反射	双反射	双反射色
黄铜矿					
毒砂					
辉锑矿					
辉钼矿					
磁铁矿					
闪锌矿					
白钨矿					

思考题

1. 如果某矿物切面能观察到双反射，是否该矿物的任何切面都能观察到双反射，为什么？

2. 为什么没有内反射的不透明均质矿物切面在严格正交偏光系统也并非"全黑"，而总是有很弱的亮度？

3. 试简要分析双反射、反射多色性的成因及二者的成因联系与差别。

4. 简述利用矿相显微镜正交偏光系统、聚敛偏光系统观测矿物内反射的原理。

5. 为什么某些半透明非均质矿物的非均质切面，尤其是使用中高倍物镜时，无法有效观察到其偏光色甚至均非性强弱？

实验4

不透明矿物矿相显微镜鉴定（三）
不透明矿物系统鉴定及综合鉴定表的构成与使用

一、目的要求

（1）通过观测矿物光学性质、相对抗磨硬度、切面形态及晶粒内部结构，结合矿物组合特征，系统鉴定不透明矿物。

（2）学会利用矿相显微镜快速准确鉴定不透明矿物的原则性方法。

（3）熟悉不透明矿物综合鉴定表的使用。

二、实验内容

1. 矿物反射光学性质及其他物理性质观测

在单偏光系统观测矿物颗粒切面形态、解理、裂理、环带（含加大边）等晶粒内部结构及矿物相对抗磨硬度，在正交偏光系统观测双晶类型、单晶体颗粒切面形态（非均质矿物）。

2. 不透明矿物系统鉴定与简易鉴定方法

（1）不透明矿物系统鉴定

各种金属矿物无论在物理性质（包括光学性质）、化学性质或产出状态（包括颗粒形态和产出环境）等方面都具有一些相同的属性，在这些方面也具有一些明显的特性。这些属性及其与其他矿物的差别就是鉴定矿物的前提条件，也就是矿物的鉴定特征。在矿相学领域，鉴定矿物所依据的是矿物在物理性质（包括光学性质及其他物理性质）、化学性质和产出状态三方面的鉴定特征。

①光学性质及其他物理性质指标：光学性质指标有反射率与反射色、双反射与反射多色性、均质性、非均质性与偏光色、内反射及内反射色，原则上还应包括反射（视）旋转角、非均质（视）旋转角、反射（视）旋转色散、非均质（视）旋转色散、综合（视）旋转色散等聚敛偏光系统的光学性质及非均质矿物的旋向与相差符号。实验课不要求获得聚敛偏光系统光学性质及非均质矿物的旋向与相差符号。物理性质指标有相对抗磨硬度、晶粒切面形态、解理、裂理、双晶、环带等。

②化学性质指标：主要是指以标准试剂或某些其他化学试剂进行矿物浸蚀鉴定时所获得的溶解、发泡、沉淀、染色及浸蚀液变色等化学反应现象。限于实验室条件约束（特别是原矿石光片、矿物砂光片的更新周期），实验课不要求获得浸蚀鉴定的上述化学性质指标。

③矿物共生组合指标：因为金属矿物形成物质条件和物理化学条件约束，某种金属矿物往往与矿物形成体系物质条件和物理化学条件相近的矿物共生组合，故矿物共生组合及其转化关系也能帮助鉴定矿物。例如某高硬度金属矿物与白钨矿、萤石、石英构成共生组合，首先可以排除其是硫化物矿物的可能性，而很可能是锡石、磁铁矿或其他金属氧化物矿物。

（2）不透明矿物简易鉴定原则性方法与步骤

实践证明，并非要将矿物在物理性质、化学性质或产出状态方面的性质和特征全部查明才能有效鉴定。任何矿物都有 2～3 项典型鉴定特征，只要熟练地掌握了这几项典型鉴定特征就能准确鉴定矿物。因此，熟练地掌握某些重要矿物和常见矿物的典型鉴定特征是很有必要的，可以显著提高矿相工作效率与质量。

原则上，矿物简易鉴定首先要求把握其某些突出的光学性质、物理性质、化学性质及产出特征。所谓突出的光学性质如特殊的反射色、特殊的偏光色、特殊的内反射、特强的双反射及反射多色性、特高或特低的反射率。所谓突出的物理性质如特殊的切面形态，特高或特低的硬度，独特的双晶（例如车轮矿的地板状双晶），特殊的解理、裂理（例如方铅矿三组解理形成的黑三角孔，磁铁矿的八面体裂理），特殊的内部环带及特别的磁学、电学性质等。另外，某些矿物的矿物组合也具有独特性，也是矿物简易鉴定的重要参考指标。在浸蚀鉴定时，许多不透明矿物都有特殊的化学性质，但在实验教学时，实验用光片都不进行浸蚀鉴定，故不将其作为简易鉴定指标。

利用矿相显微镜进行不透明矿物简易鉴定，并没有固定不变、普遍通用的方法与步骤。不透明矿物简易鉴定，以较扎实的矿物学和矿床学知识基础为前提。在此前提下，第一步是根据矿物组合及矿石构造与结构特征，判断待鉴定矿物的形成地质作用及矿物所在晶体化学大类（如氧化物，硫化物，硫酸盐，碳酸盐）；第二步是寻找其在单偏光、正交偏光系统的突出光学性质特点；第三步是寻找其突出的物理性质。第四步是利用其特定的矿物组合及其转化关系。依据上述四个步骤，即可找出待鉴定矿物的2～3项典型鉴定特征，较快速而准确地鉴定矿物。另外，经常练习、熟练掌握部分常见不透明矿物的主要鉴定特征也是不透明矿物简易鉴定的重要保证。

3.不透明矿物综合鉴定表的构成与使用方法

（1）不透明矿物综合鉴定表的构成

教学用金属矿物综合鉴定表为分组式表格。

采用视觉反射率等级和相对抗磨硬度作为主导性检索指标，矿物的排列顺序以白光反射率测定值为准，根据视觉反射率等级分为5组（以黄铁矿、方铅矿、黝铜矿、闪锌矿为"标准矿物"划分为5级），根据硬度指标将每组分为3个鉴定表（用金属针刻划法划分为高硬度、中等硬度和低硬度3级）。对于反射率或硬度指标的边界矿物（包括"标准矿物"和少数硬度及反射率变化跨界矿物）编入其跨界的两个鉴定表。这样，将金属矿物综合鉴定表分为5组15个鉴定表。

每个综合鉴定表内分10栏列出矿物及其各类鉴定特征（金属矿物检索表、金属矿物鉴定表分别见教材附表1、附表2）①：第一栏，矿物名称、化学组分、晶系；第二栏，视觉反射率等级；第三栏，反射色；第四栏，双反射，反射多色性；第五栏，均质非、均质性（偏光色）、A_γ（非均质旋转角）、旋向符号；第六栏，内反射；第七栏，硬度；第八栏，浸蚀反应；第九栏：形态特征、矿物组合特点、产状和其他特征，统称产出状态；第十栏，主要鉴定特征和与类似矿物的区别。

（2）不透明矿物综合鉴定表使用方法

利用综合鉴定表内各栏数据对比鉴定未知矿物时，首先应利用目测对比法确定未知矿物的反射率范围（以"标准矿物"的反射率为标准），其次是利用金属针刻划法确定矿物的硬度等级（以相对抗磨硬度近似处理），根据这两项结果确定未知矿物所在组序与表序，然后按照由简到繁的顺序观察和确定矿物的其他鉴定特征，综合分析、对比，最后确定矿物的名称。

上实验课时，第二栏、第七栏是任何不透明矿物鉴定所必须准确把握的指标，第一栏、第八栏及第五栏的A_γ、旋向符号无须考虑，其他各栏指标所起的鉴定作用随矿物不同而不同。通常，在准确判断视觉反射率等级及相对抗磨硬度后，就能将待鉴定矿物确定在某个具体鉴定表，能大幅减少查表工作量和待鉴定矿物目标范围，例如某矿物视觉反射率等级为Ⅰ级，相对抗磨硬度为高硬度，则该矿物必定在第一鉴定表，同时知道该矿物没有内反射（第六栏即没有实际鉴定价值）。在确定具体鉴定表后，根据待鉴定矿物的均质性、非均质性（第五栏）能进一步缩小待鉴定矿物范围，例如待鉴定矿物为均质矿物，那就只要确定反射色（第

① 张术根，胡斌.矿相学[M].长沙：中南大学出版社，2014：1－277.

三栏)就能将待鉴定矿物锁定在 1～2 个目标矿物范围内;如果待测矿物为非均质矿物,则根据其非均质性强弱,进一步缩小目标矿物范围,进而根据反射色(第三栏)、双反射及反射多色性(第四栏)也能将待鉴定矿物锁定在 1～2 个目标矿物范围内,最后利用第九栏、第十栏就可将该矿物鉴定出来。

三、实验方法

(1)观测对象:磁铁矿、白钨矿、黄铜矿、磁黄铁矿、黄铁矿、辉钼矿、矿物 A 及矿物 B 的单矿物镶嵌片(砂光片)和矿石光片。

(2)独立完成在单偏光系统和正交偏光系统观测,获取上述各矿物的光学性质及其他物理性质指标。

(3)不透明矿物系统鉴定:首先根据矿物 A、矿物 B 的视觉反射率等级和相对抗磨硬度,确定其所在不透明矿物综合鉴定表的组序与表序,再在该组序与表序的鉴定表中根据其他光学性质指标、其他物理性质指标及矿物共生组合指标特征,综合鉴定矿物 A、矿物 B,确定其名称。

(4)不透明矿物简易鉴定。

在系统总结矿物 A、矿物 B 及其他各矿物的主要鉴定特征的基础上,根据实验内容部分所介绍的不透明矿物简易鉴定方法性原则与步骤,指出矿物 A、矿物 B 的 2～3 项典型鉴定特征,完成其简易鉴定。

四、实验作业

(1)完成表3-2说明钨锡多金属矿石的金属矿物及其系统鉴定指标特征。

表3-2 钨锡多金属矿石的金属矿物鉴定特征记录表

矿物	矿物系统鉴定指标及主要鉴定特征										
	视觉反射率等级	相对抗磨硬度	双反射	均质性、非均质性	偏光色	内反射	切面形态	解理、裂理	双晶类型	内部环带	主要鉴定特征
磁铁矿											
白钨矿											
黄铜矿											
磁黄铁矿											

续表 3 – 2

矿物	矿物系统鉴定指标及主要鉴定特征										
	视觉反射率等级	相对抗磨硬度	双反射	均质性、非均质性	偏光色	内反射	切面形态	解理、裂理	双晶类型	内部环带	主要鉴定特征
辉钼矿											
黄铁矿											
矿物 A											
矿物 B											

(2)分别说明矿物 A 和矿物 B 简易鉴定的典型鉴定指标特征。

思考题

1. 如何利用不透明矿物综合鉴定表准确鉴定不透明矿物?

2. 你认为对初学者而言,妨碍不透明矿物简易鉴定的重要问题有哪些?

3. 你认为不透明矿物综合鉴定表还有哪些值得改进或补充的方面?

4. 利用自形程度较高的单晶体颗粒切面形态能否判断矿物晶体几何形态?在正交偏光系统观察单晶体颗粒切面形态的前提条件是什么?

5. 在单偏光系统如何有效区别矿物解理与切面磨光所产生的擦痕?

6. 简述矿物晶体颗粒内部环带结构的成因类型、判别标志及镜下观察方法。

实验5

金属矿石成因矿相学实验（一）
接触交代型铁铜矿床矿石结构、构造 与矿物组合观察研究

一、目的要求

（1）初步学会矿石构造、结构类型的观测与表述方法。

（2）了解接触交代型矿床的矿石构造、结构及矿物组合特征。

（3）初步学会利用矿石构造、结构及矿物组合分析矿床成因的方法。

二、实验内容

1. 矿石构造

接触交代型矿床的矿石构造类型丰富。如果不考虑沉积－变质成因亚组、动力变质成因亚组及氧化带风化成因组的矿石构造类型，则原生矿石构造类型主要属于热液充填成因亚组和热液交代成因亚组。常见块状—次块状、团块状、斑杂状、条带状及脉状构造，也可见（揉皱）纹层状、斑点状、细脉—浸染状及浸染状构造，少数在岩体产状急剧变化部位紧贴侵入接触界面可发育矿浆贯入成因的磁铁矿矿石，呈气孔状、熔接瘤状构造等。

本次实验样品为安徽铜陵狮子山接触交代型铁铜矿床的原生矿石，可见（次）块状构造、脉状构造、团块状构造、揉皱纹层状构造、斑杂状构造、（稠密）浸染状构造。

2. 矿石结构

接触交代型矿床的矿石结构类型丰富，原生矿石结构类型主要属于气水溶液结晶形成的矿石结构亚组、交代作用形成的矿石结构亚组以及固溶体分离作用形成的矿石结构组。常见自形晶、半自形晶、它形晶结构，斑状—似斑状结构，共边结构，包含结构，填隙结构，溶蚀结构，反应边结构，环边(镶边)结构，残余结构，骸晶结构，假象结构，细脉、网脉结构，筛孔结构，文象、次文象结构，交代乳浊状结构，交代格状结构，定向乳浊状结构，定向叶片状结构，格状结构等。

本次实验样品，可观察到的矿石结构有自形晶、半自形晶结构、浸蚀结构、残余结构、筛孔结构，细脉结构，填隙结构等。

3. 矿物组合

接触交代型矿床的矿物组合通常比较复杂，不仅随矿种类型变化，也随接触交代强度、矽卡岩矿物组合、矽卡岩期后气水溶蚀变类型而变化。但是，接触交代成因矿石的非金属矿物组合以干矽卡岩矿物和湿矽卡岩矿物构成的"矽卡岩矿物组合"为标志性矿物组合特征。它们又可以分为干矽卡岩矿物组合和湿矽卡岩矿物组合两套矿物共生组合。此外，石英、绿泥石、绢云母、蛇纹石及菱镁矿等热液碳酸盐矿物也较常见，有时还可见水镁石、石墨、滑石、方镁石等矿物，在外接触带、内接触带还分别存在碳酸盐岩、中酸性岩浆岩的残留矿物组合。金属矿物组合因矿种变化而更加复杂，但主要包括氧化物(磁铁矿、赤铁矿、锡石等)、含氧盐(白钨矿等)及硫化物－硫盐矿物组合，部分此类矿床还出现自然金属或合金矿物(自然金、自然铋、金银系列矿物)。这些金属矿物组合又分别与热液蚀变成因非金属矿物构成多套矿物共生组合，例如锡石－磁铁矿－白钨矿－绿帘石组合，辉钼矿－黄铁矿－黄铜矿－石英组合。应特别注意的是，矿物共生组合是成矿物质体系在相同或相近的物理化学条件下形成的各种矿物的自然组合，应在详细的矿石构造、矿石结构及矿物生成顺序研究基础上确定。

本次实验样品的矿物共生组合主要包括石榴子石－透辉石(次透辉石)－(硅灰石)组合、透闪石(阳起石)－绿帘石组合、磁铁矿(－赤铁矿)－石英组合、黄铁矿(－白铁矿)－石英(－阳起石)－绿泥石组合、磁黄铁矿－黄铜矿－闪锌矿－石英－绿泥石组合等。

三、实验方法

1.观测方法

（1）矿石构造

实验时主要通过矿石光块观察矿物集合体的形态、大小及空间分布特征确定矿石构造，通过矿相显微镜观测矿石光片可获得矿石的显微构造。

（2）矿石结构

实验时主要通过矿石光片介质矿相显微镜观察晶粒形态、大小及空间分布特征确定矿石结构，凭肉眼观测矿石光块只能确定少部分矿石结构。

（3）矿物组合

基于矿物鉴定、矿石构造及矿石结构综合分析判断矿石组合，尤其是判断矿物共生组合，必须在矿物鉴定的基础上，根据矿石构造、矿石结构甚至矿物的成因标型特征综合分析，才能有效确定。

2.观测对象

狮子山铁铜矿床的成套磨光块和光片。附录 1 给出了狮子山铁铜矿床地质矿化特征简介。

3.观测结果

（1）矿石构造、矿石结构形态类型素描

光块素描图要有线段比例尺和矿物组合标注（如金属氧化物、金属硫化物、非金属矿物、赋矿岩石）。显微视域素描图要有物、目镜组合（如 5×10）、观察光学条件（如单偏光以"－"表示，正交偏光以"＋"表示，斜交偏光以"×"表示）、线段比例尺及矿物标准代号标注（参考矿物英文名称，进行缩写）。

（2）矿石构造类型特征描述

描述记录脉状构造、揉皱纹层状构造的矿物集合体形态、矿物组合（以金属矿物为重点）及空间分布特征。

（3）矿石结构类型特征描述

描述记录自形晶—半自形晶结构、交代残余结构金属矿物的晶体颗粒形态、大小及与其他矿物的时空关系。

四、实验作业

(1)通过肉眼观察,给出 6 个矿石光块的矿石构造类型名称,详细描述两种指定构造类型的矿石构造、结构与矿物组合特征,并附光块素描图。

(2)通过显微镜观察,给出 6 个矿石光片的矿石结构类型名称,详细描述两种指定矿石结构类型的矿石构造、结构与矿物组合特征,并附显微视域素描图。

(3)综合查明狮子山铁铜矿石的矿物共生组合类型,并说明其属于接触交代成因的标志性矿物共生组合类型。

思考题

1.简述脉状构造与条带状构造、块状构造与团块状构造含意差别及判别依据。

2.简要说明矿石显微构造成因的矿相学意义。

3.简述结晶结构与交代结构的判别依据及它们的常见具体形态类型。

4.简述固溶体分离结构形成机理及常见具体形态类型。

5.在矿床成因及成矿预测研究时,为什么要重视矿石结构与构造的研究?

实验6

金属矿石成因矿相学实验（二）
岩浆型铜镍硫化物矿床矿石结构、构造
与矿物组合观察研究

一、目的要求

（1）基本掌握矿石构造和矿石结构类型的观测与表述方法。

（2）了解晚期岩浆型铜镍硫化物矿床的矿石结构、构造及矿物组合特征。

（3）基本掌握利用矿石构造、结构及矿物组合综合分析矿床成因的方法。

二、实验内容

1. 矿石构造

岩浆型铜镍硫化物矿床为岩浆晚期矿床，其成矿作用有熔离作用和贯入作用两种方式。熔离作用常形成滴状、豆状、斑点状、浸染状、细脉—浸染状、次块状及条带状等矿石构造；贯入作用常形成脉状、块状—次块状、角砾状、条带状及浸染状等矿石构造。

实验矿床对象为金川铜镍硫化物矿床，熔离作用和贯入作用都有存在，以熔离作用为主要成矿作用方式。实验样品（矿石光块）可见矿石构造类型为滴状（星散状）、细脉—浸染状、稠密浸染状及次块状构造。很明显，这些矿石构造形态类型组合属于熔离型矿石构造成因亚组。

2. 矿石结构

岩浆型铜镍硫化物矿床的矿石结构以熔体冷凝结晶成因结构亚组最发育。包括自形晶、半自形晶、它形晶结构，斑状、似斑状结构，包含、嵌晶、共边结构，填隙(间)结构及海绵陨铁结构。其中，海绵陨铁结构是熔离作用的标志性结构形态类型。此类也可见固溶体分离成因及交代成因矿石结构组的矿石结构形态类型，尤其在贯入作用形成的铜镍硫化物矿石中，交代成因结构组的矿石结构形态类型较发育。交代成因矿石结构组的矿石结构形态类型主要包括文象、次文象结构，网脉、细脉结构，环边结构，结状结构，浸(溶)蚀结构，残余结构及假象结构等。固溶体分离成因矿石结构组的矿石结构形态类型主要包括定向叶片状结构，格状结构，文象、次文象结构等。

实验样品可见矿石结构类型主要为海绵陨铁结构，自形晶、半自形晶、它形晶结构，填隙(间)结构，网脉、细脉结构，浸蚀结构，局部可见残余结构，环边结构，格状结构以及交代文像结构。

3. 矿物组合

熔离作用形成的岩浆铜镍硫化物矿床的非金属矿物共生组合有多套，其一为橄榄石－辉石(－基性斜长石)组合，其二为透闪石－阳起石－绿泥石组合，其三为蛇纹石－碳酸盐组合。原生矿石的金属矿物共生组合主要为镍黄铁矿－磁黄铁矿－黄铜矿组合，紫硫镍矿－针镍矿－辉砷镍矿－墨铜矿组合以及贵金属矿物组合等。

实验样品为原生矿石，金属矿物组合主要为镍黄铁矿(黄铁矿)－磁黄铁矿－黄铜矿组合、马基诺矿(四方硫铁矿)－紫硫镍矿－辉砷镍矿(－针镍矿)－墨铜矿组合以及磁铁矿－钛铁矿－铬尖晶石组合。

三、实验方法

1. 观测方法

同实验 5。

2. 观测对象

金川铜镍硫化物矿床的成套矿石光块和光片。附录 2 给出了铜镍硫化物矿床地质矿化特征简介。

3．观测结果

①重要矿石构造、结构形态类型素描，要求同实验5。

②重要矿石构造类型观察描述。描述记录细脉浸染状构造、次块状构造的形态特征、矿物组合(以金属矿物为重点)特征及空间分布特征。

③重要矿石结构类型观察描述记录。选择海绵陨铁结构、网脉结构或次文象结构、环边结构，描述其晶体颗粒形态、颗粒大小及与其他矿物的时空关系特征。

四、实验作业

(1)通过肉眼观察，给出 4 个矿石光块的矿石构造类型名称，详细描述两种指定构造类型的矿石构造、结构与矿物组合特征，并附光块素描图。

(2)通过显微镜观察，给出 4 个矿石光片的矿石结构类型名称，详细描述两种指定结构类型的矿石构造、结构与矿物组合特征，并附光块素描图。

(3)综合查明金川铜镍硫化物矿石的矿物共生组合类型，并说明其属于岩浆熔离成因的标志性矿物共生组合类型。

思考题

1．简述海绵陨铁结构的形成机理及其与浸染状构造的差别。

2．简述格状固溶体分离结构与网状交代结构的判别标志。

3．简述乳浊状固溶体分离结构与乳浊状交代结构的判别标志。

4．利用矿相显微镜观察，能否大致区分岩浆铜镍硫化物矿床中的六方磁黄铁矿与单斜磁黄铁矿？为什么？

实验7

金属矿石成因矿相学实验(三)
矿化期、矿化阶段和矿物生成顺序确定与矿物生成顺序表编制

一、目的要求

(1)初步学会矿物晶粒内部结构的显微镜观察方法。

(2)掌握矿化期、矿化阶段和矿物生成顺序研究方法与确定标志。

(3)熟悉矿物世代研究方法、鉴别标志及研究意义。

(4)熟悉矿物生成顺序表的编制方法、原则、注意事项及其矿床成因意义。

二、实验内容

(1)矿物晶粒内部结构的显微镜观察方法:观察矿物晶粒内部结构的方法有不完全磨光光片法、结构浸蚀法及普通光片法。受教学光片条件约束,实验时仅采用普通光片观察法观察解理、揉皱、双晶类型、内部环带及加大边等晶粒内部结构。需要说明的是,矿物晶粒内部环带仅指晶体生长期间形成的环带,其特征是晶粒内部具有一系列平行于晶面的环状纹带,环带数量可多可少,宽度可宽可窄,往往为该晶体生长期间某些化学成分比例(如闪锌矿的 $w(\mathrm{Fe})/w(\mathrm{Zn})$)或微细包裹体含量及类型差别较明显而形成的,应注意与环边交代等矿石结构区别开来。加大边结构是矿物晶体生长间断后修复再生长的结构,其标志是颗粒内核边界并非晶面,常具磨蚀、溶蚀边及与边部不连通的碎裂现象。

(2)根据所给定的某矿区铅锌硫化物矿石的典型矿石光块所观测的矿石构造、赋存矿体

围岩及围岩蚀变特征，结合该矿区有关地质矿化特征资料，判断其可能的成因类型，并根据矿化期、矿化阶段划分标志说明该矿区金属矿石的矿化期、矿化阶段数及其名称。附录3给出了某铅锌多金属矿床地质矿化特征简介。

（3）根据所给定的某矿区铅锌硫化物矿石的矿石光片，在鉴定各金属矿物的基础上，观察描述矿石结构、矿物颗粒切面形态及晶粒内部结构，根据矿物生成顺序确定标志说明其矿物生成顺序。

（4）根据矿石结构构造、矿物组合、矿物颗粒形貌及晶粒内部结构，判断给定铅锌多金属矿石中黄铁矿、闪锌矿及黄铜矿的形成世代，并探讨其成因意义。

（5）根据矿物生成顺序表的编制方法、原则，编制该矿区铅锌多金属矿石的矿物生成顺序表，并简要分析该矿区铅锌多金属矿化过程。

三、实验方法

（1）该实验分组进行：按学号顺序分组，每组3～4人，按组编写提交实验报告。

（2）研究对象：某铅锌硫化物矿床的成套矿石光块、光片。

（3）仔细阅读矿区地质矿化特征相关资料，了解矿区成矿地质背景、成矿地质条件、矿体地质特征及控矿因素。

（4）结合矿区地质矿化特征资料分析，以矿石构造特征和矿物组合研究为重点，观察矿石光块及光片，根据成矿地质环境、矿石产出特征所反映的成矿地质条件、典型矿物组合、矿石构造及其所反映的成矿地质条件与物理化学条件等标志，划分成矿期、成矿阶段。

（5）系统观察给定的5块矿石光片，在矿物鉴定基础上，以反映矿物生成顺序的矿石结构为重点，兼顾晶体颗粒形貌、晶粒内部结构及显微矿石构造，确定矿物世代、矿物生成顺序。

（6）编制矿物生成顺序表，要求至少包含标型矿物（组合）、矿石构造、矿石结构、围岩蚀变等各矿化期、矿化阶段的典型特征，并简要分析该矿区铅锌硫化物矿化过程。

四、实验作业

编制提交矿物生成顺序表，表内除矿物及其生成顺序应符合矿物生成顺序表编制要求外，还要有成矿期、成矿阶段及矿物生成顺序的矿物组合标志、矿石构造标志、矿石结构标志乃至标型元素及晶粒内部结构标志等。

思考题

1. 为什么在成因矿相学研究中需要编制矿物生成顺序表？
2. 一张合格的矿物生成顺序表应包含哪些具体内容？
3. 怎样才能编制出合格的矿物生成顺序表？
4. 矿化期、矿化阶段及矿物生成顺序如何确定，有哪些鉴别标志？
5. 如果某矿物具有多世代，可能反映哪些成矿作用演化信息？
6. 一个晶体颗粒可否具有多个世代？如何判别？

实验8

工艺矿相考查
矿物镶嵌特征与嵌布粒度测算

一、目的要求

（1）初步学会原矿石的矿物间镶嵌关系的观测分析和镶嵌类型确定方法。

（2）初步掌握原矿石的矿物嵌布粒度测算统计方法。

（3）基本学会原矿石的矿物嵌布粒度特性曲线图的编制方法及粒度分析。

二、实验内容

（1）说明给定类型矿石的主要金属矿物的嵌布均匀度及类型，说明该矿物与其他矿物的镶嵌关系（参见附录4）。

（2）根据目标矿物形态、嵌布密度、嵌布均匀度及粒度范围，确定合适的嵌布粒度测算物目镜组合与测算方法。

（3）编制目标矿物嵌布粒度统计表，测算目标矿物嵌布粒度，并绘制目标矿物嵌布粒度特性曲线图。

（4）分析目标矿物嵌布粒度类型，提出矿石破磨选别加工建议，预测给定磨矿细度的目标矿物最大理论解离度（参见附录5）。

三、实验方法

（1）该实验分组进行：按学号顺序分组，每组 3~4 人，按组编写提交实验报告。

（2）以矿石嵌布均匀性特征研究为重点，观察矿石光块及光片，根据目标矿物在光块、光片表面的目测粒度、含量及分布的总体情况，确定尺寸合适的测量统计单元，统计含矿单元数，测算目标矿物嵌布均匀度，确定嵌布均匀度类型（表 8-1）。矿物嵌布均匀由下式计算：

$$矿物嵌布均匀度 = (含矿单元数/测量单元数) \times 100\% \qquad (8-1)$$

表 8-1 矿物嵌布的均匀类型及均匀度

嵌布均匀度类型	嵌布均匀度/%	嵌布均匀度类型	嵌布均匀度/%
极均匀嵌布	>95	不均匀嵌布	5~25
均匀嵌布	75~95	极不均匀嵌布	<5
较均匀嵌布	25~75		

（3）在系统鉴定不透明矿物的基础上，以目标矿物为主要对象，重点观测与该矿物直接嵌连的矿物种类，主要（常见）、次要（少见）及少量（极少见）嵌连矿物；观察描述目标矿物与嵌连矿物的镶嵌关系类型，主要（常见）、次要（少见）及少量（极少见）镶嵌关系类型。

（4）根据目标矿物切面粒径尺寸范围（特别是粒径相对集中范围）选择合适的粒径测算物目镜组合，根据矿物颗粒切面形状、含量及分布特点选择合适的测算方法，编制嵌布粒度测算统计表（表 8-2，表 8-3），测算统计目标矿物嵌布粒度。

表 8-2 过尺面测法嵌布粒度测算统计表

粒级	刻度格数	粒度范围/mm	比粒径 d	比粒径 d^2	面测颗粒数 n'	含量比 $n'd^2$	含量分布 $n'd^2/\%$	累计含量 $\sum n'd^2/\%$
I	≥64		64	4096				
II	-64+32		32	1024				
III	-32+16		16	256				
IV	-16+8		8	64				
V	-8+4		4	16				

表 8 - 2

粒级	刻度格数	粒度范围/mm	比粒径		面测颗粒数 n'	含量比 $n'd^2$	含量分布 $n'd^2/\%$	累计含量 $\sum n'd^2/\%$
			d	d^2				
VI	-4 +2		2	4				
VII	≤2		1	1				

表 8 - 3　直线线测法嵌布粒度粒度测算统计表

粒级	刻度格数	粒度范围/mm	比粒径 d	线测颗粒数 n''	含量比 $n''d$	含量分布 $n''d/\%$	累计含量 $\sum n''d/\%$
I	≥64		64				
II	-64 +32		32				
III	-32 +16		16				
IV	-16 +8		8				
V	-8 +4		4				
VI	-4 +2		2				
VII	≤2		1				

（5）根据目标矿物嵌布粒度测算结果，绘制嵌布粒度特性曲线图，确定目标矿物嵌布粒度类型，提出矿石破磨选别建议，预测给定磨矿细度的最大理论解离度。

四、实验作业

（1）提交目标矿物镶嵌特征观测结果总结。
（2）提交目标矿物嵌布粒度测算统计表。
（3）提交目标矿物嵌布粒度特性曲线图及其矿物加工（选矿）意义分析。

思考题

1. 为什么在矿石工艺矿相研究中要研究矿物的镶嵌特征？
2. 为什么在矿物加工工艺设计时要研究原矿目标矿物嵌布粒度特性曲线？
3. 原矿石目标矿物的嵌布粒度测算方法如何选择？
4. 矿石破磨加工过程中，原矿石目标矿物解离性受哪些因素控制？

附录

附录1　狮子山铁铜矿床地质矿化特征简介

该铁铜矿床位于扬子克拉通东北部，为下扬子台坳繁昌—贵池凹断褶皱带的一部分［附图1－1（a）］，产于大通—顺安复式向斜次级构造——青山背斜的北东段［附图1－1（b）］。

矿区地表出露的地层主要为中三叠统、下三叠统和第四系，钻孔揭露的地层包括上泥盆统、中石炭统、上石炭统、下二叠统和上二叠系（附图1－2）。与成矿关系密切的主要为中—上石炭统（C_{2+3}）碳酸盐岩、下二叠统栖霞组（P_1q）灰岩夹硅质岩。矿区内发育的主要构造为纵贯全区的NE向青山背斜和叠加其上的近EW向、SN向、NE向断裂及层间滑脱构造。矿区多出露燕山期小型侵入体，地表出露面积约3.0 km^2，受青山背斜控制，在区内主要呈NE向展布，岩体岩性以石英闪长岩、石英二长闪长岩、辉石闪长岩和花岗闪长岩为主（附图1－2）。

矿床主要产于青山背斜轴部及南东翼，矿体群分布底界为五通组（D_3w）砂页岩与中—上石炭统（C_{2+3}）碳酸盐岩岩性界面，顶板与围岩的界线跨层可达下二叠统栖霞灰岩，矿体主要产于侵入接触界面（正接触带）和外接触带，在岩体附近矿体厚度增大，品位也随之变富。少部分矿体产在岩体内部。矿体群空间展布：长3000 m，宽200～800 m，总厚度一般为35～45 m，最厚可达85 m，平均埋深－876 m。矿体形态类型包括似层状、透镜状、豆荚状等，以似层状矿体规模较大（附图1－2）。

该矿床的矿石类型复杂，主要由含铜磁黄铁－黄铁矿型、含铜磁铁矿型、含铜黄铁矿型及含铜矽卡岩型矿石等组成。金属矿物主要为磁铁矿、黄铁矿、磁黄铁矿、黄铜矿等；少量闪锌矿、方铅矿、白铁矿等，极少量赤铁矿，偶见自然铋。脉石矿物主要有钙铁榴石、透辉石－次透辉石、阳起石－透闪石、绿帘石、绿泥石、硅灰石、方解石、白云石、石英、硬石膏等。

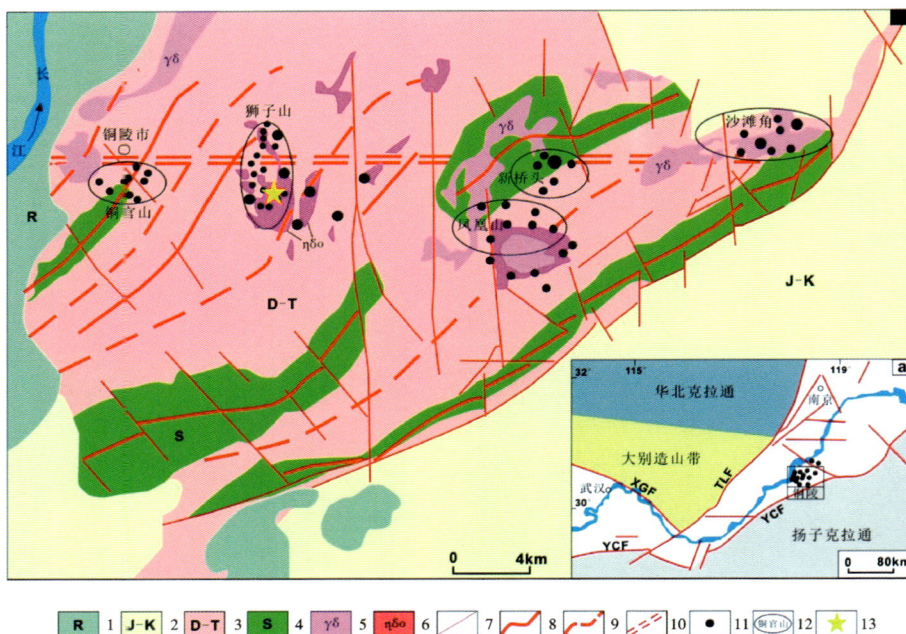

附图 1-1　铜陵地区大地构造位置（a）和地质矿产图（b）（瞿泓滢等，2011 修编）

XGF—襄樊—广济断裂；YCF—阳兴—常州断裂；TLF—郯庐断裂。1—第三系泥岩、砾岩夹玄武岩；2—侏罗—白垩系凝灰质砂砾岩、英安质火山岩；3—泥盆—三叠系碳酸盐岩、硅质岩、陆源碎屑岩；4—志留系砂岩、粉砂岩、页岩；5—石英二长闪长岩；6—花岗闪长岩；7—盖层断裂；8—印支期复式背斜；9—印支期复式背斜；10—基底断裂；11—铜、金、硫、铁、铅锌及多金属矿床；12—矿田；13—狮子山矿区位置

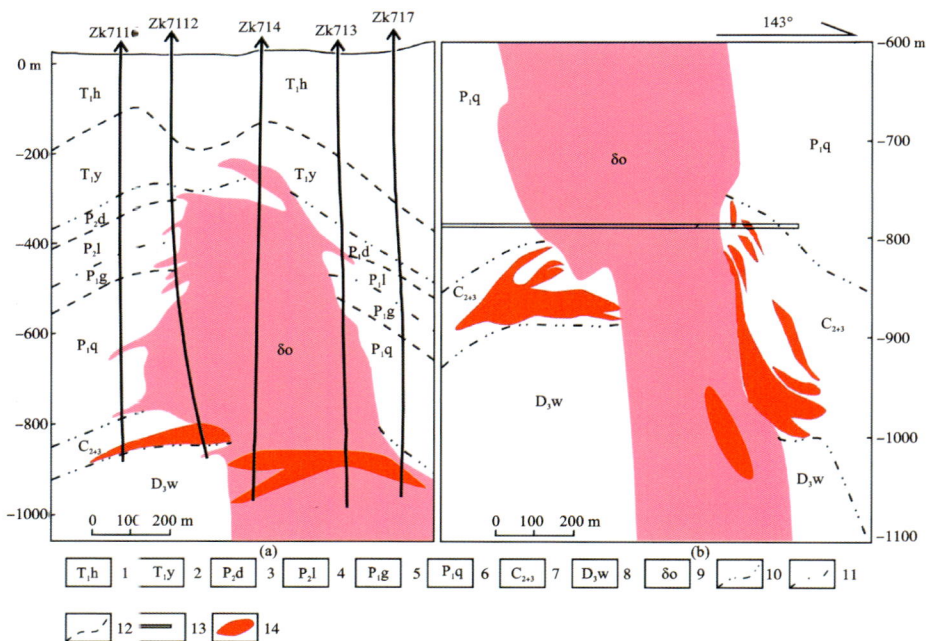

附图 1-2　冬瓜山铁铜矿床 71 线勘探线剖面图（a）和 -790 m 中段 67 线勘探线剖面（b）

（据铜陵有色金属集团控股有限公司矿产资源中心，2011）

1—下三叠统和龙山组；2—下三叠统殷坑组；3—上二叠统大隆组；4—上二叠统龙潭组；5—下二叠统孤峰组；6—下二叠统栖霞组；7—中上石炭统船山组和黄龙组；8—下泥盆统五通组；9—石英闪长岩；10—分层界线；11—分统界线；12—分组界线；13—平巷；14—矿体

附录2　铜镍硫化物矿床地质矿化特征简介

金川超大型岩浆 Cu – Ni – PGE 矿床形成于中元古代早期北祁连古大陆裂谷拉张初期穹状隆起阶段，大地构造上位于华北古陆阿拉善陆块西南缘龙首山隆起中。龙首山隆起南以南缘断裂与祁连褶皱带分开，北以龙首山北缘断裂与潮水凹陷相邻，沿龙首山隆起带南缘断裂分布有大小 20 余个镁铁 – 超镁铁岩体（群）和若干个中酸性岩体，组成北西西向转向近东向龙首山构造岩浆带，东西延伸 200 km 左右，金川矿床正处于其构造转折处（附图2 – 1）。

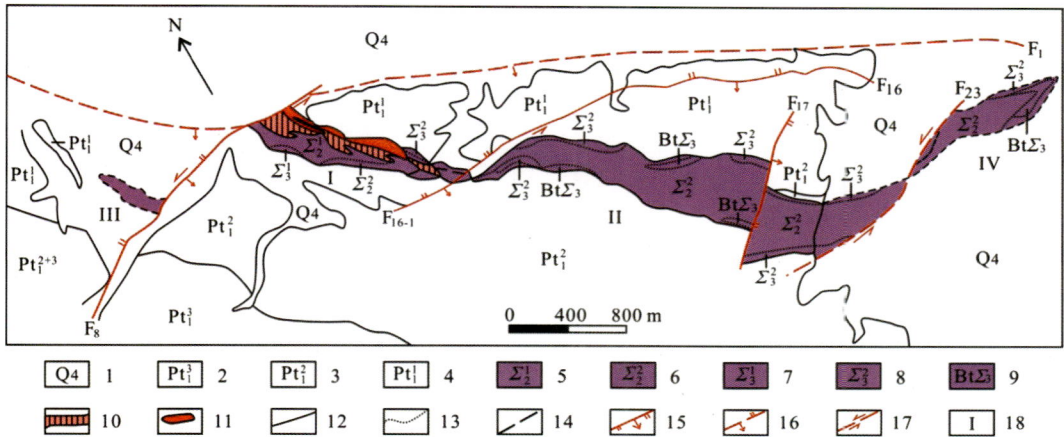

附图2 – 1　某铜镍硫化物矿床矿区地质略图（汤中立等，1994）

1—第四系；2~4—古元古界白家嘴子组混合岩第三段、第二段、第一段；5—中细粒二辉橄榄岩；6—中细粒橄榄二辉岩；7—中粗粒二辉橄榄岩；8—中粗粒橄榄二辉岩；9—中粗粒斜长二辉橄榄岩；10—岩浆就地熔离矿体；11—深部熔离 – 贯入矿体；12—实测、推测地质界线；13—岩相界线；14—深断裂；15—正断层；16—逆断层；17—平推断层；18—矿区编号

金川超镁铁岩侵位于龙首山隆起结晶基底古元古代龙首山群中，龙首山群下部是以基性火山岩为特点的白家咀子组，其上为以沉积碎屑岩、碳酸盐岩为主的塔马子沟组。盖层为长城—蓟县系和震旦系富镁碳酸盐岩建造和碳酸盐岩碎屑流沉积建造。区域地层褶皱发育，龙首山北西西向隆起构造两侧边缘地带有挤压性断裂带（F1）存在。另外有北东东走向（F8、F16 – 1）和近南北走向（F17）两组断裂与挤压性断裂带斜交。金川含矿超基性岩体以 10° 交角不整合侵位于前长城系白家咀子组中，岩体直接与大理岩、混合岩 和片麻岩接触。岩体长约6.5 km，宽 20 ~ 500 m，倾斜延伸数百至千余米，东西两端被第四系覆盖，中部出露地表，上部已遭剥蚀。总体走向 NW50°，倾向 SW，倾角 50° ~ 80°。受后期北东东向压扭性断裂错断，分成相对独立的四段，自西向东分为Ⅲ、Ⅰ、Ⅱ、Ⅳ矿区，各矿区岩体的规模、形态、产状都有差别，含矿性亦不相同。含矿岩体为一复式侵入体，至少分四期先后侵入成岩成矿（附图2 – 2）。

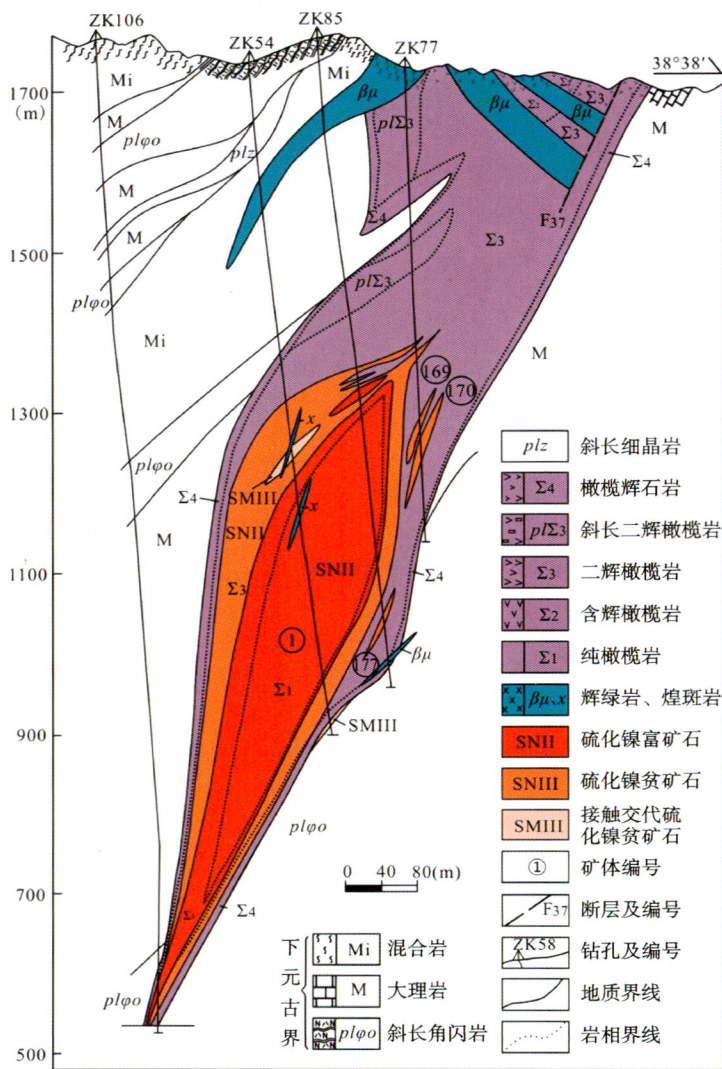

附图 2-2 某铜镍硫化物矿区××号勘探线地质剖面图

(据镍矿地质勘探规范编写组，1983)

金川铜镍矿床为岩浆深部熔离－复式贯入型矿床，矿体按成因分为岩浆就地熔离型矿体、岩浆深部熔离－贯入矿体、晚期贯入矿体、接触交代矿体和热液叠加矿体五类。主要矿石类型有星点状(浸染状)矿石、局部海绵状(网脉状)矿石、海绵状(网脉状)矿石、半块状矿石、块状矿石、星云状矿石等。

金川铜镍硫化物矿床的金属矿物组成较复杂，主要为磁黄铁矿、镍黄铁矿和黄铜矿，还有少量紫硫镍矿、马基诺矿、方黄铜矿、墨铜矿、辉砷镍矿，微量碲银矿、砷铂矿、银金矿等贵金属矿物。非金属矿物主要为橄榄石、辉石及基性斜长石，还可见透闪石－阳起石、绿泥石、蛇纹石、方解石等碳酸盐矿物。

附录3　某铅锌多金属矿床地质矿化特征简介

　　该铅锌矿区位于北祁连山褶皱带(铅锌矿地质勘探规范编写组,1984;葛朝华等,1994;黄崇轲等,2001)。矿区主要出露寒武系变质火山岩,自下而上由石英角斑凝灰岩层、硅质千枚岩夹石英角斑凝灰岩层、石英角斑岩夹石英角斑凝灰岩组成,其中矿体的围岩为石英角斑凝灰岩。区内构造为短轴倒转背斜,背斜轴部为石英角斑岩凝灰岩,轴向北西,倾向南西。区内岩浆活动为石英钠长斑岩,沿层间侵入,可能与火山喷发岩同一岩浆源,构成矿化带下盘,见附图3-1。

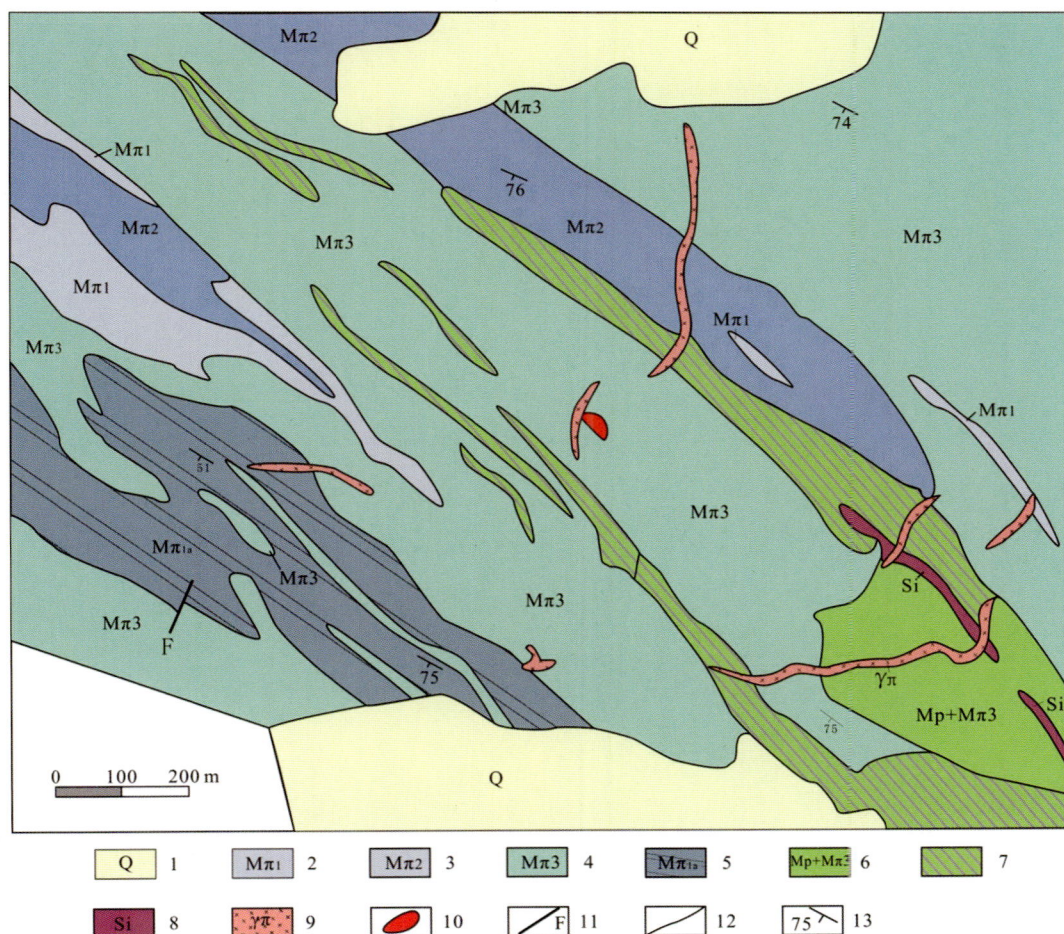

附图3-1　某铅锌多金属矿床地质平面图(铅锌矿地质勘探规范编写组,1984)

1—第四系黄土;2—石英角斑岩;3—含凝灰质角斑岩;4—石英角斑凝灰岩;5—钠长斑岩;6—千枚岩夹石英角斑凝灰岩;7—千枚岩;8—硅质岩;9—花岗斑岩;10—矿体;11—断层;12—地质界线;13—岩层产状

矿区地表局部矿化，主体为隐伏矿床，经过工程控制，矿带长 1100 m，一般宽 30 ~ 100 m，最宽也可达 200 m。矿带内共有 12 个矿体，其中 Ⅰ、Ⅱ、Ⅲ 矿体为主要矿体，占全区储量的 90% 以上。矿体走向为北西，倾向南西，倾角 60°~80°，浅部缓深部陡到近乎直立。矿体与围岩产状一致，矿体上盘为绿泥石片岩、千枚岩，下盘为石英钠长斑岩，矿体赋存于石英角斑凝灰岩，矿体与围岩呈过度关系，界线需用化学分析方法来确定。矿体呈雁行和串珠状排列，形态以似层状、透镜状为主，见附图 3 – 2。

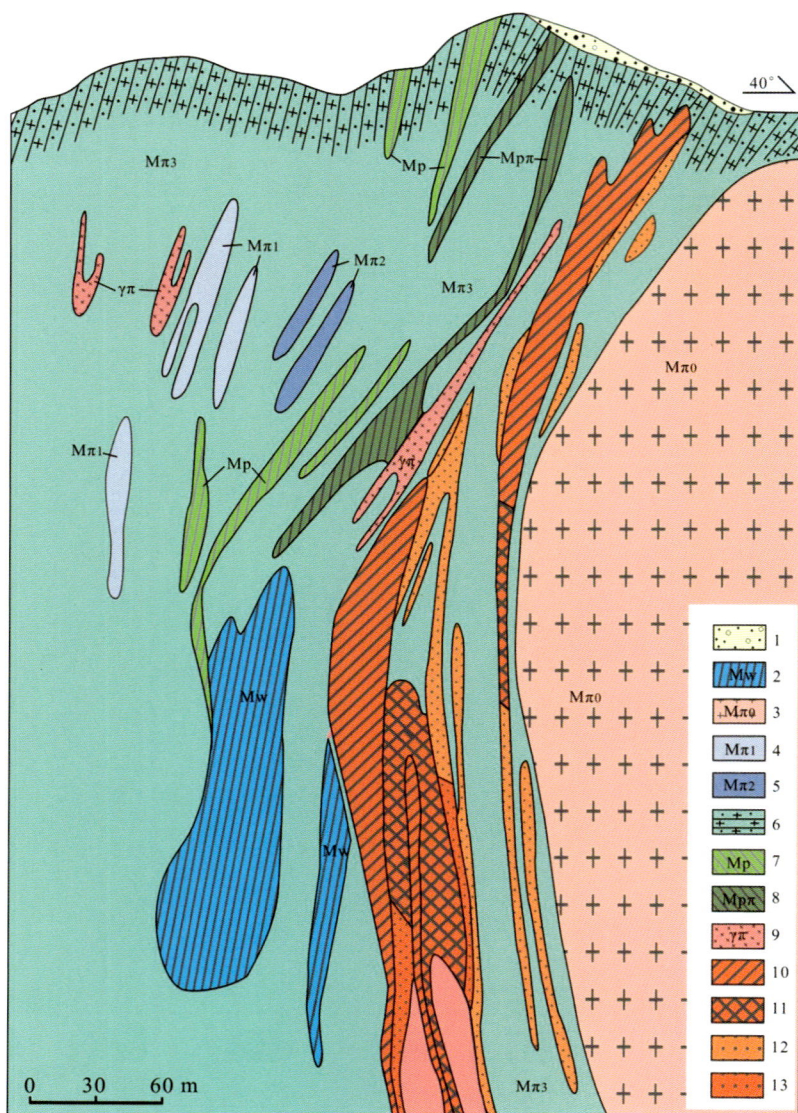

附图 3 – 2　矿区某勘探线剖面图（据葛朝华等，1994）

1—坡积物；2—绿泥石石英片岩；3—石英钠长斑岩（Mπ0）；4—石英角斑岩（Mπ1）；5—石英角斑凝灰熔岩（Mπ2）；6—石英角斑凝灰岩（Mπ3）；7—凝灰质千枚岩（Mp）；8—中酸性凝灰千枚岩（Mpπ）；9—花岗斑岩脉（γπ）；10—块状铜铅锌矿石；11—块状含铜黄铁矿石；12—浸染状铜铅锌矿石；13—浸染状铜矿石

矿区主要为原生矿石，按不同形态构造和矿物组成可以分为：（1）块状矿石——①块状黄铜矿－黄铁矿矿石；②块状黄铜矿、方铅矿、闪锌矿－黄铁矿矿石；③块状黄铁矿矿石。（2）浸染状矿石——①浸染状黄铜矿－黄铁矿矿石；②浸染状黄铜矿、方铅矿、闪锌矿－黄铁矿矿石；③浸染状方铅矿、闪锌矿－黄铁矿矿石。块状矿石主要分布于矿体的上盘，浸染状矿石产于矿体下盘。

矿石的金属矿物有黄铁矿、闪锌矿、方铅矿和黄铜矿；次要矿物有黝铜矿、斑铜矿、辉铜矿、铜蓝等；少量或微量矿物有毒砂、磁黄铁矿、磁铁矿、金红石、硫砷铜矿、赤铁矿及金银系列矿物、自然铋及铋的硫化物等。脉石矿物有石英、绢云母、重晶石、绿泥石类、碳酸盐类等。

矿石构造类型包括块状、条带状、条纹状、斑杂状、细脉—浸染状、浸染状、揉皱变形及孔洞构造等。

矿石结构有：自形晶、半自形晶、它形晶结构，填隙结构，溶蚀结构，交代残余结构，次文象状结构，定向乳滴状结构，斑状结构、压碎结构等。

矿区围岩蚀变较发育，主要有绿泥石化、绢云母化、硅化、重晶石化。

附录4　关于镶嵌关系类型的说明

矿物的镶嵌关系与矿物的解离性关系密切，不同的镶嵌关系类型具有不同的解离难易程度。根据连生矿物间的相对粒度大小与空间关系和界面形态特征，一般将连生矿物的镶嵌关系分为四个基本类型：①毗连镶嵌型，是指不同的矿物颗粒连生在一起，相互毗连镶嵌。这种镶嵌类型的连生矿物相对容易解离，具体又可以分等粒毗连镶嵌、不等粒毗连镶嵌、平直规则毗连镶嵌、参差毗连镶嵌等类型。②脉状镶嵌型，是指一种矿物成脉状或网脉状穿插到另一种矿物中的镶嵌关系类型。这种镶嵌类型的连生矿物也相对容易解离，但脉体形状、大小也影响其解离的难易程度，具体又可分为细脉镶嵌、网脉镶嵌等类型；③包裹镶嵌型，是指一种矿物作为机械包裹物被包裹在另一种主矿物中的镶嵌关系类型。这种镶嵌类型的连生矿物通常最难解离。如闪锌矿颗粒内乳浊状黄铜矿很常见，但要使二者在现有分选工艺约束下实现有效解离几乎是不可能的。④皮壳镶嵌型，一种矿物被另一种矿物呈皮壳状完全或部分包裹，如硫化物矿物与锡石反应形成黝锡矿反应边，锡石常被黝锡矿呈皮壳状所部分或完全包裹。这种镶嵌类型的连生矿物通常也很难完全解离。这种镶嵌类型与包裹镶嵌类型的区别在于前者被包裹矿物颗粒较粗，包裹矿物皮壳厚度较薄，而后者则是被包裹矿物颗粒远小于包裹矿物颗粒粒径。

附录5　有关金属矿石破磨矿加工工艺有关知识简介

在矿石处理过程中，有两个基本的工序：一是实现矿物单体解离（并不要求非目标矿物实现单体解离），以保证目标有用矿物颗粒物理性质、化学性质（特别是颗粒表面性质）的稳定性和可预期性；二是以合适的工艺流程及其技术参数分选回收有用矿物，以获得符合质量要求的精矿产品及科学合理的资源回收利用率。从矿石工艺性质考查知识可知，只有目标有用矿物的绝大多数（至少不小于85%）实现单体解离后，才可通过合适的选矿工艺及相应技术参数有效选别回收利用。单体解离就是通过矿石破碎和磨碎（合称粉碎）的方式，将矿石中的目标有用矿物与脉石分离开来的过程。分选就是将已经解离开来的有价矿物颗粒按其性质差异分选为不同产品的过程。

总体而言，只有有用矿物的嵌布粒度在合适范围才能够通过合适的选矿方法及工艺流程实现有效选别回收利用，有用矿物粒度过细（采用浮选工艺时通常主体粒径小于325目），则可能需要通过选冶联合流程或冶金工艺流程（包括湿法冶金）才能实现回收利用。

即使有用矿物嵌布粒度在合适范围的原矿石，通常经爆破开采运输出来后，矿石块度总体比较大，经常可见到块径数十厘米甚至更粗的矿块，为了实现有用矿物单体解离，需要进行破磨加工处理。破碎与磨矿是将矿物原料的粒度减小的作业，其中减小至5 mm称为破碎，再细的粉碎作业称为磨矿。磨矿的细度要根据矿石的工艺矿物学研究结果和试验确定，其目的是使矿石中的有用矿物实现单体解离。破磨加工处理一般需要经过粗碎、细碎及磨矿处理，才能成为合格的入选矿石。

现有的碎磨设备还不能单独一次把巨大的矿石粉碎到符合要求的入选细度。因此，矿石的粉碎只能分阶段逐步进行，破碎和磨矿就是粉碎过程的两大阶段。根据粉碎粒度大小不同，破碎阶段还分为粗碎段、中碎段和细碎段。破碎到100~350 mm称为粗碎段，破碎到40~100 mm称为中碎段，破碎到5~25 mm称为细碎段。磨矿段也分为粗磨段和细磨段。磨碎到0.3~1 mm称为粗磨段，磨碎到0.07~0.1 mm称为细磨段。这里所说的段是按所处理的物料或者按物料经过碎磨机械的次数划分的。不同的阶段要使用不同的设备，例如粗碎段采用颚式破碎机或旋回破碎机，中细碎阶段采用标准型圆锥破碎机和短头圆锥破碎机，粗磨段使用格子型球磨机，细磨段使用溢流型球磨机，是一般常见的选择。因为一定的设备只有在适合的粒度范围才能高效率的工作，实际生产所需要的破碎和磨矿段数，要根据矿石性质和要求的最终磨碎产品粒度，通过碎磨和可选性试验并进行设计方案技术经济比较后才能确定。

为了控制破碎和磨矿的产品粒度，使破碎和磨矿设备更有效的工作，降低破磨能耗、物耗和避免产品过度细化，需将那些在现阶段已经符合粒度要求的矿粒及早分出，破碎机经常和筛分机配合使用，磨矿机与分级机配合使用，组成各种形式的破碎—筛分回路和磨矿—分级回路。物料经过筛分和分级处理后，可将粒度合格的产品从回路中排出，不合格的粗颗粒再给入破碎机和磨矿机粉碎。筛分和分级设备的好坏，对粉碎机械的工作有很大影响。因此，在研究碎磨过程时常把它与筛分和分级联合起来进行综合分析。当然，矿石破磨加工的难易程度、能耗高低、工段复杂程度主要取决于矿石的物理力学性质、目标有用矿物嵌布粒度、镶嵌关系及其与嵌连矿物的物性差。

参考文献

[1] 瞿泓滢，常国雄，裴荣富，等.安徽铜陵狮子山铜矿田岩石的地球化学特征[J].岩矿测试，2011，30(4)：430-439.

[2] 任春雷.安徽铜陵冬瓜山斑岩型铜矿床地质和成矿流体地球化学[D].北京：中国地质大学，2015.